簇式支撑高导流压裂理论与技术

王增林　朱海燕　陈　勇　张潦源　著

石油工業出版社

内容提要

本书系统介绍簇式支撑高导流通道的形成机制和支撑剂柱稳定性实验、高导流通道压裂裂缝—支撑剂柱相互作用模型及通道压裂导流能力预测模型的建立；阐述纤维脉冲加砂高导流压裂工艺技术、脉冲式支撑剂自聚调控高导流压裂工艺技术，纤维加砂装置和速溶型低浓度瓜尔胶压裂液体系，以及原通道压裂适用性评价标准的修正；最后给出高导流通道压裂技术的现场应用情况。

本书可供从事油田开发、水力压裂的科研技术人员参考，也可作为高等院校石油工程及相关专业关于非常规能源开采方面的参考书。

图书在版编目（CIP）数据

簇式支撑高导流压裂理论与技术 / 王增林等著 .—
北京：石油工业出版社，2021.8
ISBN 978-7-5183-4823-7

Ⅰ . ① 簇… Ⅱ . ① 王… Ⅲ . ① 油气田开发 – 分层压裂 – 研究 Ⅳ . ① TE3

中国版本图书馆 CIP 数据核字（2021）第 172383 号

出版发行：石油工业出版社
（北京安定门外安华里 2 区 1 号楼 100011）
网 址：www.petropub.com
编辑部：（010）64523537 图书营销中心：（010）64523633
经 销：全国新华书店
印 刷：北京中石油彩色印刷有限责任公司

2021 年 8 月第 1 版 2021 年 8 月第 1 次印刷
787×1092 毫米 开本：1/16 印张：9.25
字数：220 千字

定价：50.00 元
（如出现印装质量问题，我社图书营销中心负责调换）

前言

高导流通道压裂技术作为低渗透油气藏高效开发的新技术，目前已经在世界多个油气田获得广泛的推广应用，取得了令人瞩目的成果。采用高导流裂缝压裂技术不但降低了压裂作业的成本，而且极大地提高了产量。高导流通道压裂技术，采用添加黏性纤维的压裂液，结合脉冲式加砂工艺，实现支撑剂簇团（简称支撑剂柱）在裂缝内呈一定间距分布，裂缝由“面”支撑变为“点”支撑，实现开放的网络通道。与常规均匀加砂的水力压裂技术不同的是，脉冲加砂的通道压裂技术要求支撑剂充填层内的支撑剂簇团之间留有通道以便油气流通。这些开放的流动通道能显著增加裂缝导流能力，减小裂缝内的压力降，提高排液能力，增加有效裂缝半长，从而达到提高产量的目的。

高导流通道压裂技术已经在我国胜利油田、四川盆地致密气藏、鄂尔多斯盆地致密油气藏等大量应用，取得了良好的效果。但是，仍然存在支撑剂柱的形成与稳定机制、高导流能力预测、支撑剂聚集成团材料及脉冲式加砂工艺等技术瓶颈问题。因此，中国石油化工股份有限公司胜利油田分公司石油工程技术研究院和成都理工大学合作，采用理论与实验研究、产品研发和现场应用相结合的方式，形成了一套具有我国自主知识产权的脉冲式高导流压裂理论与技术体系，对我国高导流压裂技术的进步起到了至关重要的作用。

本书介绍了笔者长期以来在簇式支撑高导流通道压裂理论及技术研究方面取得的成果，主要内容包括：（1）应用自主研发的“大型平板裂缝可视系统”开展的脉冲注入动态携砂规律研究，得出的压裂参数对支撑剂非均匀铺置影响规律，优化了形成高导流通道的压裂参数；（2）通过支撑剂柱稳定性室内实验，构建了支撑剂柱的非线性本构模型，基于储层地质力学和有限元方法，建立了高导流通道压裂裂缝—支撑剂柱相互作用模型，对高导流压裂通道和支撑剂柱的闭合变形及稳定性进行了数值模拟优化最佳支撑剂簇直径；（3）考虑支撑剂柱与裂缝面的非线性变形和支撑剂柱嵌入量，建立了通道压裂裂缝宽度和裂缝导流能力 LBM-CFD 流固耦合模型，揭示了簇式支撑裂缝导流能力的影响机理；（4）开展了纤维脉冲加砂高导流压裂工艺技术、脉冲式支撑剂自聚调控高导流压裂工艺技术等方面的研究，研制了纤维加砂装置，研发了速溶型低浓度瓜尔胶压裂液体系；（5）从有效支撑的定义出发，考虑闭合应力、地层弹性模量、支撑剂弹性模量和支撑剂排列方式等影响因素，对原通道压裂适用性评价标准进行了修正；（6）对高导流通道压裂技术的现场应用情况进行了介绍。

本书由中国石油化工股份有限公司胜利油田分公司石油工程技术研究院王增林、陈勇、张潦源以及成都理工大学朱海燕合作完成。王增林负责第1章、第2章、第7章的编写，朱海燕负责第3章、第4章、第6章的编写及整理，陈勇、张潦源参与第2章、第5章以及第7章的编写及整理。全书由王增林及朱海燕统稿及审定。

本书是在国家科技重大专项（2011ZX05051、2017ZX05072-004）、国家自然科学基金项目（51604232）等的资助下完成的。

因笔者水平有限，书中难免有不足和不妥之处，敬请广大专家及读者批评指正！

2020年12月

目录

1 绪　论

1.1 高导流通道压裂概述

通道压裂工艺主要由三部分组成：多簇射孔工艺、压裂液拌注纤维工艺和脉冲泵注工艺。携砂液与顶替液以一定的时间比例交替注入地层，使相邻两段携砂液间不含支撑剂，压裂液破胶返排后支撑剂簇形成不均匀铺设的支撑剂柱以支撑裂缝，在相邻两个支撑剂柱之间形成高导流通道。通道压裂通常在压裂液中添加纤维以改变支撑剂流变性，可防止段塞在运移及沉降中分散，同时可降低支撑剂的沉降率，有利于缝内形成理想的支撑剂簇。高导流通道压裂技术利用支撑剂之间的通道让油气通过，而不仅仅是依靠支撑剂充填层的导流能力。这些开放的流动通道可显著增加裂缝的导流能力，减少裂缝内的压力降，有助于提高排液能力，增加有效裂缝半长和储层增产体积，从而提高产量（图 1–1）。

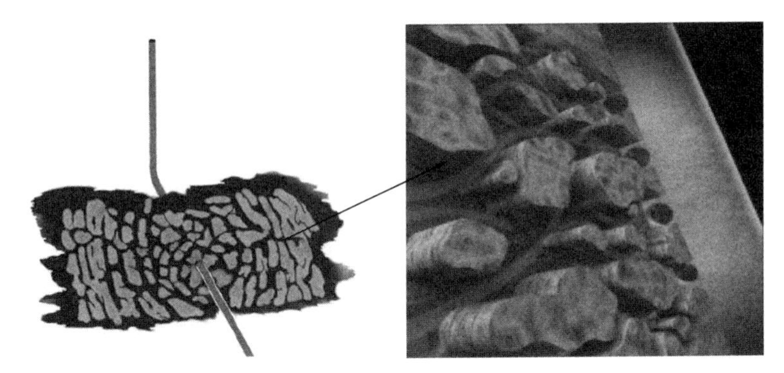

图 1–1　高导流裂缝压裂所形成的支撑剂均匀铺置示意图[1]

传统水力压裂中，支撑剂在压裂液中均匀分布，随压裂液泵入裂缝内，裂缝闭合后在裂缝内形成均匀铺置的支撑剂充填层，而高导流通道压裂是采用含有网络通道的非均匀结构来取代均匀的支撑剂充填（图 1–1）。裂缝依靠分散的支撑剂团块（或柱）支撑，支撑剂团块之间可形成供流体流动的低阻力流动通道。与传统的压裂技术相比，高导流通道压裂克服了流体流动局限于多孔介质内的限制，打破了均匀铺置支撑剂的设计思想，提供了更高的裂缝导流能力（图 1–2）。

高导流通道压裂技术作为一种新型的水力压裂增产技术，在现场的应用取得了令人瞩目的成果，采用该技术不但降低了压裂作业的成本，还极大地提高了产量。从国外来看，例如，西伯利亚 Talinskoe 油田在实施通道压裂作业后，油井产量提高 51%[2]；墨西

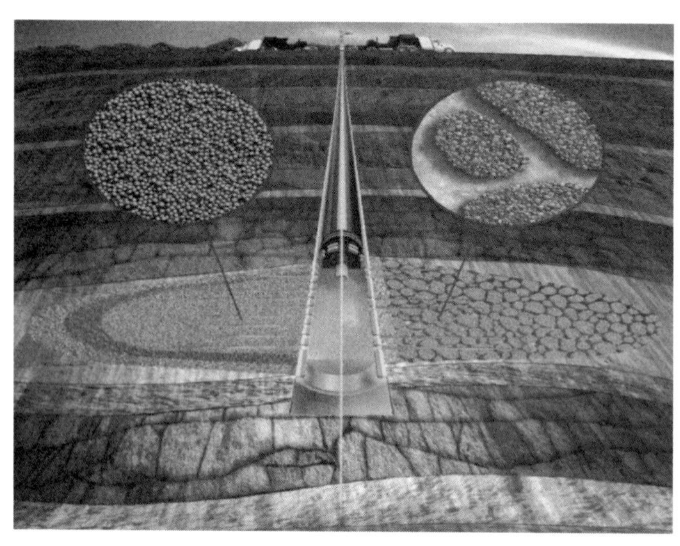

(a) 常规水力压裂　　(b) 高导流通道压裂

图 1-2　支撑剂铺置示意图[1]

哥 Burgos 盆地油气藏在实施通道压裂作业后，气井初期产量提高 32%，半年累计产气量提高 19%[3]；埃及西部沙漠 Qarun 油田在实施通道压裂作业后，初期产量提高 89%[4]。从国内来看，目前该技术已在我国胜利油田、四川盆地致密气藏、鄂尔多斯盆地致密油气藏等大量应用，取得了良好的效果。例如，鄂尔多斯盆地致密油气藏在实施通道压裂作业后，油井产量高达常规压裂的 2.4 倍，气井产量高达常规压裂的 4～5 倍[5]。可见，通道压裂技术在非常规油气开发领域具有广阔的应用前景。

1.2　支撑剂柱变形破坏实验研究现状

国内外许多学者针对通道压裂支撑剂柱力学特征、裂缝导流能力进行了大量的室内实验和理论研究。Gillard[1] 等基于 API RP 61 裂缝导流能力测试标准，将几个圆柱形小尺寸支撑剂柱放置在岩板上，开展了通道压裂的裂缝导流能力实验。研究结果表明：支撑剂颗粒之间胶结良好时，通道压裂裂缝有效渗透率比常规压裂提升了 1.5～2.5 个数量级。Nguyen 等[6] 借鉴 Gillard 的方法，将支撑剂柱简化为直径 12mm、高度 9mm 的圆柱，通过实验手段评价了不同闭合应力下支撑剂类型、支撑剂柱个数、支撑剂柱排列方式对支撑剂柱高度、直径以及裂缝导流能力的影响规律，研究发现支撑剂柱存在快速压实阶段，致使其应力—应变曲线呈现非线性变化特征。2016 年，严侠等[7, 8] 在推导通道压裂缝宽模型时，将支撑剂柱假设为圆柱形线弹性体，建立了考虑支撑剂柱变形和嵌入的缝宽模型。2016 年，侯腾飞等[9] 在推导缝宽模型时，也考虑了支撑剂柱的变形，并通过支撑剂的变形理论来求支撑剂柱的变形量。

支撑剂柱的力学特征是影响通道压裂裂缝闭合规律的一大因素。目前对通道压裂裂缝支撑剂柱力学特征的研究较少，学者们并没有深入探究通道压裂裂缝支撑剂柱的本构关系，大部分都将支撑剂柱视为线弹性体，这是目前通道压裂研究的空白区域。

1.3 通道压裂导流能力预测模型研究现状

许国庆[10]、曲占庆[11]、温庆志[12]等采用FCES-100导流仪，实验模拟了不同铺砂浓度、纤维质量分数和支撑剂柱直径（10～32.8mm）条件下的通道压裂裂缝导流能力，但他们并没有研究支撑剂柱的变形破坏规律。Zhang等[13, 14]考虑了支撑剂嵌入、支撑剂柱轴向变形及其排列方式的影响，推导了通道压裂裂缝宽度和导流能力的解析模型。严侠等[8]考虑了支撑剂柱的轴向变形，将高速通道压裂裂缝内形成的支撑剂簇团视为渗流区域，基于Darcy-Brinkman方程建立了高速通道压裂裂缝的高导流能力数学模型。Zheng等[15]通过赫兹接触理论和支撑剂嵌入理论得到了裂缝宽度的表达式，进而得到最终的导流能力计算公式。Hou等[9]忽略裂缝壁面的变形，采用流体立方定律，建立了通道压裂裂缝导流能力的预测模型。Guo等[16,17]从单个支撑剂颗粒与岩石的相互作用入手，考虑岩石的黏弹性蠕变效应，分别建立了常规压裂裂缝长期导流能力和通道压裂裂缝短期导流能力模型。这些裂缝导流能力模型均假设支撑剂柱是弹性模量为一定值的弹性体，忽略了支撑剂柱的非线性应力—应变特征和裂缝宽度在开放通道处的非均匀变化。Meyer等[18]将裂缝壁面的变形视为弹性变形，考虑支撑剂柱在裂缝内的不同结构形式，基于弹性半空间赫兹接触理论，建立了通道压裂裂缝宽度解析模型，利用达西定律和等效渗流阻力原理推导了裂缝渗透率表达式。Hou等[19]借鉴Meyer的方法，建立了通道压裂支撑剂柱缝宽的变化模型。这两个模型虽然考虑了裂缝壁面的弹性变形特征，但支撑剂柱仍被视为刚体。

由于DEM离散元数值模拟方法能够建立实际几何尺寸（0.15～0.83mm）的支撑剂颗粒，真实反应支撑剂颗粒间的相互作用行为，近年来被广泛用于模拟常规压裂支撑剂充填层的压实和裂缝宽度变化[20]。Shamsi等[21]通过耦合PFC3D与离散格子玻尔兹曼模型，建立了三种支撑剂颗粒尺寸级配的支撑剂模型。其结果表明，均匀级配的支撑剂拥有较小的孔隙度和较大的渗透率。Zhang等[22]采用Navier—Stokes方程描述流体在支撑剂充填层中的流动，建立了常规压裂裂缝导流能力的DEM-CFD耦合模型，研究了页岩水化、支撑剂类型、储层弹性模量等因素对支撑剂嵌入和导流能力的影响。Bolintineanu等[23]随机生成裂缝表面几何形貌，忽略了岩石的塑性变形、支撑剂嵌入以及岩石的破裂等对裂缝导流能力的影响，采用离散元方法模拟支撑剂充填层的压实过程，并采用有限元方法求解裂缝内支撑剂颗粒与牛顿流体的耦合作用，研究了不同铺置形式支撑剂充填层的载荷响应和裂缝导流能力。但该模型仅是研究支撑剂簇团形状对裂缝导流能力影响的高度简化模型，仍未考虑裂缝宽度在开放通道处的非均匀变化。Fan等[24]利用DEM分析了不同裂缝闭合应力下，支撑剂尺寸和直径等因素对导流能力的影响。Shamsi等[25]将离散元方法DEM与LBM相结合，研究了支撑裂缝的渗透率和缝宽在不同应力状态下的动态变化，评价了不同应力状态下的裂缝导流能力。汪浩威[26]基于LBM-CFD理论，建立了通道压裂裂缝导流能力的预测模型，分析了工程尺度下储层参数、支撑剂柱形状对裂缝导流能力的影响。

1.4 高导流通道压裂工艺参数与配套材料研究现状

1.4.1 高导流通道压裂工艺参数研究现状

自2010年以来通道压裂技术在世界上30多个国家和地区进行应用，其中北美地区、阿根廷和俄罗斯应用较多，取得了较好的增产效果。2013年，中国石油化工股份有限公司西南分公司开展了纤维脉冲加砂压裂技术现场试验，平均测试日产量$2.15\times10^4m^3$，比常规压裂增产倍比提高约30%，综合降低成本约20%。2014年，胡蓝霄[27]开展了通道压裂参数优化方法研究，优化了通道压裂工艺参数，并设计了通道压裂井的泵注程序。2017年，马健[28]开展了通道压裂纤维辅助携砂机理研究，揭示了纤维辅助携砂机理，可为通道压裂工艺参数优化，压裂液、支撑剂和纤维优选提供有效指导。2018年，卢聪等[29]开展了通道压裂中顶液脉冲时间优化模型研究，发现通道压裂过程应提高施工排量，在高闭合应力地层中减小最优中顶液脉冲时间，在低闭合应力地层中应增加最优中顶液脉冲时间。2018年，黄波等[30]提出了通道压裂选井选层及动态参数优化设计方法。2019年，朱海燕等[31-33]通过支撑剂簇团的单轴压缩室内实验，构建了支撑剂柱的非线性本构模型；基于离散元方法，建立岩石—支撑剂柱—岩石非线性互作用模型，模拟支撑剂柱非线性变形条件下的缝宽非均匀变化和孔隙度非线性变化；采用Kozeny-Carman方程和立方定律分别计算支撑剂柱与裂缝通道的渗透率，构建通道压裂裂缝的等效渗透率和导流能力模型，揭示通道压裂裂缝导流能力的变化规律，发现携砂液与中顶液脉冲时间之比为0.5～1.2时，通道压裂的裂缝导流能力最优。朱海燕等[34]基于解析分析方法，采用达西定律描述流体在支撑剂簇内的流动，采用Navier-Stokes方程描述开放通道内流体的流动，建立高导流通道压裂裂缝宽度与导流能力预测的解析模型。该模型考虑了裂缝面非均匀变形、支撑剂柱高度减小、支撑剂颗粒嵌入等多方面对缝宽、导流能力的影响；以簇式支撑裂缝导流能力和支撑剂簇稳定性为优化目标，得到了胜利油田最优支撑剂柱直径与间距的比值。

1.4.2 高导流通道压裂配套材料研究现状

在裂缝中形成高导流稳定通道的关键是保证支撑剂的聚集性。目前常用做法是采用添加纤维压裂液或自聚性支撑剂等两类支撑剂成团工艺，保证高导流通道的形成。

（1）高导流通道压裂用纤维材料。

目前市面上纤维的种类繁多，例如有尼龙纤维、碳纤维、凯芙拉纤维、醋酸纤维、玻璃纤维、铝丝纤维、不锈钢纤维、钛纤维、陶瓷纤维等。纤维材料在土木建筑、纺织、环保、航空航天等各大领域应用非常广泛，然而真正能够用于高导流通道压裂的纤维却少之又少。这主要是因为高导流通道压裂要求纤维在储层条件下需要具有良好的化学稳定性（抗酸、碱、盐的腐蚀）及热力稳定性（抗温）。

1995 年，美国一家服务公司研制出一种名为 PropNET 的纤维材料。这种纤维的长度为 12mm，周长为 20μm。在加砂压裂施工前，先将砂子与该种人造纤维相混合，然后进行泵注。大量的现场应用表明，使用这种技术加强的支撑剂充填层要比单纯的支撑剂充填层稳定得多。目前，PropNET 技术已在全世界得到广泛应用，明显提高了压后返排速度[35]。

2002 年中国石油天然气股份有限公司将纤维用于青海油田涩北气田的防砂作业，但仅是在气井进行过矿场试验[36]。

2006 年，美国权威杂志评选出世界 14 项石油工程技术创新特别贡献奖，其中“含纤维压裂流体技术”获得殊荣，用纤维压裂流体（FiberFRAC）提高了支撑剂输送能力。采用掺纤维压裂液技术对南达科他州的 11 口油井进行了压裂。结果表明，掺纤维的压裂井其累计产油量平均增加 27%[37]。

2012 年，大庆油田有限责任公司采油工程研究院针对海拉尔油田薄差储层纵向无应力遮挡导致有效支撑剖面较差、压裂效果不理想问题，应用了可降解纤维压裂技术[38]。

2016 年，中国石油勘探开发研究院廊坊分院利用羟乙基羧甲基纤维素，采用酰胺类增黏剂、调节剂及有机锆类交联剂对苏里格气田东二区进行了现场试验，与常规压裂井相比，使用纤维的压裂井的增产效果更加明显[39]。

（2）高导流裂缝压裂自聚性支撑剂。

2016 年，R.K. 萨伊尼[40]提出一种产生高导流能力裂缝的工艺方法，在压裂作业中主要包含以下阶段：泵送包含支撑剂和聚集组合物的第一压裂液的阶段，所述聚集组合物包含磷酸酯化合物或者多种磷酸酯和胺的反应产物；泵送不包含支撑剂和聚集组合物的第二压裂液的阶段，所述聚集组合物包含磷酸酯化合物的反应产物；泵送包含聚集组合物的第三压裂液的阶段，所述聚集组合物包含磷酸酯化合物的反应产物。三种压裂液的泵送可以按任何顺序进行，并且可涉及连续泵送、脉冲泵送或非连续泵送。

2016 年，浮历沛[41]提出自聚剂控制支撑剂回流技术，针对水力压裂后支撑剂回流的问题提出了一种基于降低支撑剂颗粒表面 Zeta 电位的支撑剂自聚处理技术，实现了支撑剂回流的有效控制。从自聚剂改性支撑剂的自聚性、再聚性及自洁性对其聚砂性进行评价，从支撑剂聚集体的流速敏感性和人工岩心的抗压强度验证改性支撑剂的自聚强度。研究结果表明，当流速为 80mL/min 时，流动压差降低 63.95%；80℃条件下制备的人工岩心抗压强度可达 2.36MPa；30MPa 的闭合应力下裂缝最大无砂流速增大 96.51%；聚集体自身的抗压强度和再聚性可阻止粉砂运移，裂缝导流能力得到明显改善，平均提高 96.48%。

由上述研究现状可知，现有的纤维材料主要用于防砂以及支撑剂的均匀铺置，作为高导流通道压裂用的纤维，目前研究较少；另外在自聚性支撑剂研究方面，尚未有用于高导流通道压裂中的报告。

2　簇式支撑高导流通道形成机制实验

目前高导流通道压裂的小型物理模拟主要有支撑剂团的分散性和沉降速度测试，大型物理模拟主要有支撑剂团经过管线和孔眼后的稳定性测试以及单个支撑剂柱在高闭合应力和流体冲刷作用下的稳定性测试。但这些物理模拟实验都没有对高导流通道压裂支撑剂柱在裂缝内的铺置情况进行有效模拟，也没有探究压裂工艺参数对高导流通道压裂支撑剂非均匀铺置的影响规律。

因此，本章应用自主研发的“大型平板裂缝可视系统”，开展脉冲注入动态携砂实验，认识压裂工艺参数对高导流通道压裂支撑剂非均匀铺置的影响规律，形成高导流通道压裂参数优化方法[27，42–44]。

2.1　实验方案

2.1.1　实验设备

本章中使用“透明平行板裂缝模拟装置”开展动态携砂实验。本装置主要由四部分组成，包括：混砂储液罐、输送泵、可视平行板裂缝模型、数据采集装置（图 2–1）。通过此装置可模拟压裂过程中支撑剂在裂缝内的沉降及运移过程，以此优选压裂材料（支撑剂、压裂液），确定合理的施工参数，最终达到提高裂缝导流能力和压裂增产效果的目的。

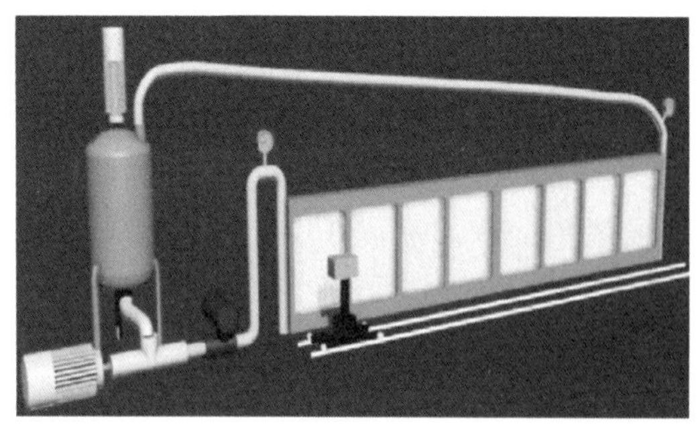

(a) 模拟图

(b) 实物图

图 2–1　实验装置模拟图与实物图

2.1.2 实验原理

在混砂储液罐中配制所需黏度的压裂液，并与支撑剂混合均匀。混砂液经泵的输送流经可视平行板裂缝模型，支撑剂到达平行板裂缝模型后，在重力、浮力、液体携带力和黏滞阻力的共同作用下，在平行板中向前运移并呈现特定的运动轨迹，最终沉降在平行板模型底部。不含支撑剂的压裂液流出平行板，最终经管线流回混砂储液罐中。因此，该实验可模拟支撑剂在地层中的运移及沉降过程。

若使用不同的实验参数进行实验，支撑剂在平行板中的运动轨迹、沉降速度及形成的砂堤形态是不相同的。因此，通过单一变量原则，保持其他实验参数不变，便可分析某一单因素对支撑剂运移及沉降的影响，从而优选材料及施工参数。

裂缝内开放的通道是高导流通道压裂技术的核心，通道的数量及大小对裂缝导流能力和压后产能有很大的影响。裂缝内的通道呈网络状分布，难以定量描述支撑剂在裂缝中的运移及沉降。因此，本书提出“通道占有率”这一参数，以定量描述该过程，其指通道的体积与支撑剂填充层的体积之比。在动态携砂实验中，为便于分析，利用通道面积与砂堤面积之比来计算通道占有率。

2.1.3 实验参数确定

（1）实验排量的确定。

实验依照相似性原理，保证实验平行板模型中的流体与地层裂缝中的流体具有相同的流速。实验排量确定的具体方法为：先根据地层裂缝高度、宽度及现场施工排量计算地层裂缝中流体的流速；再根据实验中平行板的高度、宽度计算出实验排量。

（2）压裂液黏度的确定。

本实验装置只能在室温下进行，因此，需保证实验用压裂液与地层温度下的压裂液具有相同的黏度。在实验室内配制不同类型的压裂液，分别测量各类压裂液在不同温度下的黏度变化，得到其黏温曲线。再根据地层温度，得到实验所需的压裂液黏度。

（3）砂比的确定。

砂比采用混砂液中支撑剂所占的体积分数来计算。实验时需保证砂比的恒定，应根据实验室内的排量确定相应的加砂速度。

（4）纤维的配置和含量。

为使纤维与携砂液均匀混合，需要使用延迟交联压裂液，延迟交联时间一般为2～3min。为节约成本，建议纤维尾追加入，即纤维一般在加砂量最后15%～30%时开始加入。纤维加量在实验初期控制在0.1%以下，中期控制在0.2%～0.4%，尾追阶段控制在0.5%～1.0%。

（5）数据记录方法。

在实验前，对部分支撑剂颗粒进行染色处理；实验过程中，使用高速摄像机全程录像，记录颗粒运移及沉降过程。通过跟踪被染色支撑剂颗粒的运动轨迹，记录其运移距离及时间，可计算得到支撑剂在水平方向上的运移速度与垂直方向上的沉降速度。

对砂堤变化的记录，可采用人工记录和软件采集两种方法。人工记录法是利用平板上的刻度线，间隔一定间距读取砂堤高度数据；软件采集法是根据所拍摄的砂堤铺置状态图片，采用软件提取砂堤高度数值。相比于人工记录的数据，软件采集数据法准确程度更高。

2.2 实验步骤

为保证数据的准确性，本实验按照如下步骤进行：

（1）组装实验设备，检验其密封性，并准备实验材料；

（2）关闭混砂储液罐出口控制阀门，在罐中配制所需黏度的压裂液；

（3）打开罐口控制阀，开启螺杆泵，向整个实验系统泵入压裂液和一定比例的纤维，使液体在整个系统里达到循环状态；

（4）在达到步骤（3）中的液体循环状态后，按高导流通道压裂要求间歇性地加入支撑剂，并按照砂比要求实时调整支撑剂加入速度，将压裂液与支撑剂混合均匀。混砂液经泵的输送流经平行板裂缝模型，支撑剂沉降在平行板模型中，压裂液经循环返回混砂储液罐；

（5）待支撑剂全部沉降到平行板模型底部后，结束实验，清洗设备。

2.3 支撑剂运移及沉降影响因素

2.3.1 纤维比例对支撑剂运移沉降的影响

高导流通道压裂的工艺技术与常规压裂有较大区别，其中纤维可有效提升支撑剂的运移能力，降低支撑剂的沉降速度。因此，本节通过改变纤维比例，研究其对支撑剂运移及沉降的影响规律。

在本节实验中使用20/40目陶粒支撑剂，砂比为31%，压裂液黏度为100mPa·s，基液黏度为10mPa·s。实验共设置3组，前两组纤维比例固定不变，分别为0.06%、0.08%和0.1%。实验开始后，支撑剂成团流经平行板模型，形成砂堤并逐渐升高，模型内的通道逐渐增多。不同纤维比例下形成的砂堤形态如图2-2所示。

在实验结束后，将平行板模型沿水平方向均分为3个部分，并分别测量每一部分的通道占有率。不同基液黏度下的通道占有率见表2-1。对比纤维比例0.06%和0.08%下的通道占有率，可以看出在纤维加量较小时，随着纤维比例的增大，通道占有率也增大。

(a) 纤维比例6kg/m³

(b) 纤维比例8kg/m³

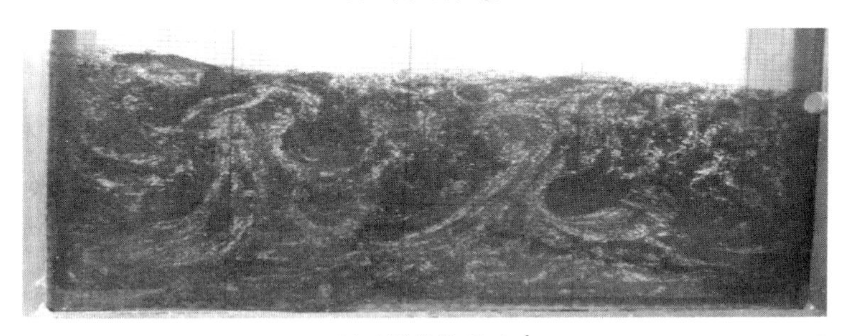

(c) 纤维比例10kg/m³

图 2-2 不同纤维比例下的砂堤形态

表 2-1 不同纤维比例下的通道占有率

纤维比例（kg/m³）	通道占有率（%）			
	第一部分	第二部分	第三部分	平均值
6	23.16	24.35	24.61	24.04
8	27.26	30.15	28.24	28.55
10	22.35	30.63	32.14	28.37

2.3.2 排量对支撑剂运移及沉降的影响

排量是压裂过程中重要的施工参数，排量的大小将直接影响支撑剂在裂缝内的运移及沉降。在高导流通道压裂中，支撑剂成团进入裂缝。若排量过小，支撑剂团在射孔孔眼处受到的阻力过大，难以进入地层；若排量过大，支撑剂团受到的冲击力较大，在运移过程中容易分散，从而无法达到预想的压裂效果。因此，本节通过改变排量，研究其对支撑剂运移及沉降的影响规律。

在本节实验中使用20/40目陶粒支撑剂，砂比为31%，压裂液黏度为100mPa·s，基液黏度为10mPa·s，纤维比例为0.07%。模拟现场施工排量为3m³/min、4m³/min、5m³/min条件下的支撑剂沉降及运移过程。在实验前，利用相似原理，将现场施工排量换算为室内实验排量。具体的换算结果见表2-2。本节中分别取实验排量为3.6m³/h、4.8m³/h、6.0m³/h开展实验。

表2-2　施工排量与实验排量对照表

现场施工排量（m³/min）	3	4	5
室内实验排量（m³/h）	3.6	4.8	6.0

实验开始后，支撑剂成团流经平行板模型，形成砂堤并逐渐升高，模型内的通道逐渐增多。不同排量下形成的砂堤形态如图2-3所示。

(a) 排量3.6m³/h

(b) 排量4.8m³/h

(c) 排量6.0m³/h

图2-3　不同排量下的砂堤形态

从图 2-3 可以看出，不同排量下支撑剂形成的砂堤形态差异较小。因此，在实验结束后，将平行板模型沿水平方向均分为 4 个部分，并分别测量每一部分的通道占有率。不同排量下的通道占有率见表 2-3。

表 2-3 不同排量下的通道占有率

排量（m^3/h）	通道占有率（%）				
	第一部分	第二部分	第三部分	第四部分	平均值
3.6	23.21	25.56	34.34	27.17	27.57
4.8	31.26	38.70	34.62	31.38	33.99
6.0	25.78	29.33	32.86	30.87	29.71

由表 2-3 可以看出，实验排量为 4.8m^3/h，即现场排量为 4m^3/min 时，通道占有率最大。继续增大排量，支撑剂在运移过程中受到更大的冲击力，容易发生分散，使得通道占有率下降。但当排量处于较低水平时，支撑剂团在射孔孔眼处阻力较大，且容易沉降，通道占有率也不理想。实验表明，当实验排量小于 3m^3/h，即现场排量小于 2.5m^3/min 时，将不利于在裂缝中形成通道。

2.3.3 基液黏度对支撑剂运移及沉降的影响

本节通过改变基液黏度，研究其对支撑剂运移及沉降的影响规律。在本节实验中使用 20/40 目陶粒支撑剂，砂比为 31%，压裂液黏度为 100mPa·s，纤维比例为 0.07%，排量为 4.8m^3/h。基液黏度分别为 2mPa·s、20mPa·s、40mPa·s。实验开始后，支撑剂成团流经平行板模型，形成砂堤并逐渐升高，模型内的通道逐渐增多。不同基液黏度下形成的砂堤形态如图 2-4 所示。

从图 2-4 中可以看出，不同基液黏度下支撑剂形成的砂堤形态差异明显。基液黏度为 20mPa·s 时，部分支撑剂团悬浮在平行板模型中，没有发生沉降，并最终停留在设备管线中。当支撑剂用量相同时，增大基液的黏度，会使得砂堤高度变低；当进一步增大基液黏度时，更多的支撑剂悬浮在平行板模型中，砂堤高度将进一步降低。因此，在实验结束后，将平行板模型沿水平方向均分为 4 个部分，并分别测量每一部分的通道占有率。不同基液黏度下的通道占有率见表 2-4。

表 2-4 不同基液黏度下的通道占有率

基液黏度（mPa·s）	通道占有率（%）				
	第一部分	第二部分	第三部分	第四部分	平均值
2	22.67	26.53	26.21	26.27	25.42
20	23.86	27.17	34.66	30.27	28.99
40	28.76	34.25	36.08	31.46	32.64

(a) 基液黏度2mPa·s

(b) 基液黏度20mPa·s

(c) 基液黏度40mPa·s

图 2-4 不同基液黏度下的砂堤形态

从表 2-4 中可以看出，随着基液黏度的增加，通道占有率也相应增加。这是因为随着基液黏度的增大，支撑剂的运移速度增大，沉降速度减小，支撑剂团在沉降过程中比较分散，使得支撑剂团之间及支撑剂段塞之间形成的通道增大，从而导致通道占有率增大。但在现场应用时，可以按照与压裂液黏度相同的基液施工。

2.3.4 支撑剂粒径对支撑剂运移及沉降的影响

支撑剂在压裂中的重要性是不言而喻的，支撑剂在输送过程中的运移及沉降是影响裂缝中铺砂效果的重要因素。支撑剂在裂缝内的分布情况，将决定压裂后填砂裂缝的导流能力和压裂增产效果。因此，本节通过改变支撑剂粒径，研究其对支撑剂运移及沉降的影响规律。

在本节实验中使用陶粒支撑剂，砂比为 31%，压裂液黏度为 100mPa·s，基液黏度为 10mPa·s，纤维比例为 0.07%。支撑剂粒径分别为 20/40 目、30/60 目、40/70 目。实验开始后，支撑剂成团流经平行板模型，形成砂堤并逐渐升高，模型内的通道逐渐增多。不同支撑剂粒径下形成的砂堤形态如图 2-5 所示。

(a) 支撑剂粒径20/40目

(b) 支撑剂粒径30/60目

(c) 支撑剂粒径40/70目

图 2–5 不同支撑剂粒径下的砂堤形态

从图 2–5 中可以看出，支撑剂粒径对砂堤形态有一定程度的影响，随着支撑剂粒径的减小，砂堤趋于平缓。因此，在实验结束后，将平行板模型沿水平方向均分为 4 个部分，并分别测量每一部分的通道占有率。不同支撑剂粒径下的通道占有率见表 2–5。

表 2–5 不同支撑剂粒径下的砂堤形态

支撑剂粒度	通道占有率（%）				
	第一部分	第二部分	第三部分	第四部分	平均值
20/40 目	28.28	32.46	32.93	27.61	30.32
30/60 目	32.33	32.87	34.13	32.26	32.90
40/70 目	31.64	33.55	33.24	32.67	32.80

从表 2–5 中可以看出，20/40 目支撑剂的通道占有率为 30.32%，30/60 目支撑剂的通道占有率为 32.90%，40/70 目支撑剂的通道占有率为 32.80%，可见支撑剂粒径对通道占有率的影响不大。主要原因是高导流裂缝压裂支撑剂呈团状，故单个颗粒粒径的影响不大。

2.4 本章小结

本章应用自主研发的“大型平板裂缝可视系统”，开展动态携砂实验探究纤维用量、施工排量、压裂液黏度以及支撑剂粒径对支撑剂非均匀铺置的影响规律。根据实验结果，优选支撑剂和压裂液，确定合理的施工参数。主要得到以下结论。

（1）随着纤维比例的增大，裂缝内的通道占有率增加，沉降速度降低。对于现场应用时，可以根据具体情况提高纤维的加入比例。

（2）考虑到排量对支撑剂团的影响，结合通道占有率的分析结果，得出实验排量 $4.8m^3/h$ 所对应的现场排量 $4m^3/min$ 为最佳。当排量过大，则支撑剂团会有所分散；当排量较低，支撑剂团在射孔孔眼处阻力较大、易沉降。

（3）随着基液黏度的增大，裂缝内的通道占有率增大，压降减小，支撑剂团的水平运移速度增大，垂直沉降速度减小。对于现场施工应尽可能地提高基液黏度，可以与压裂液黏度相同。

3　高导流通道压裂支撑剂柱变形及稳定性

支撑剂柱的力学特征是影响通道压裂裂缝闭合规律的一大因素，但目前已有的文献对通道压裂裂缝支撑剂柱力学特征的研究还不够深入，大部分都将支撑剂柱视为线弹性体[45]。首先，本章通过高速通道压裂支撑剂柱稳定性室内实验方法，建立了支撑剂柱的非线性本构模型；其次，基于该本构模型，采用有限元方法建立了高导流通道压裂裂缝—支撑剂柱互作用模型；最后，对高导流压裂通道的闭合变形和支撑剂柱的稳定性进行了数值模拟，并研究了原地应力、储层岩石弹性参数、支撑剂柱的空间分布特征等对高导流压裂通道闭合变形及支撑柱稳定性的影响。

3.1　高导流通道压裂支撑剂柱变形实验

3.1.1　实验方案

本章实验的目的是测试不同高度、不同数量的支撑剂柱在不同闭合应力下的变形过程，通过实验可获取支撑剂柱的破坏形状、轴向位移、径向位移以及支撑剂柱在压实和承压阶段的应力—应变特征，并探究支撑剂柱高度、排列间距（支撑剂柱数量）和闭合应力对支撑剂柱变形的影响。在本实验中，各因素的模拟值见表3–1。

表3–1　实验因素取值表

因素	取值						
支撑剂柱的高度（mm）	6	8	10	—	—	—	—
支撑剂柱的数量	5	7	9	—	—	—	—
闭合应力（MPa）	0.9	6.9	13.8	20.7	27.6	34.5	41.4

将表3–1中的3种支撑剂柱高度和3种支撑剂柱数量相互组合，共设计9组实验，且每组实验均安排7种闭合应力。具体的实验组别见表3–2。

表3–2　实验设计

实验组别	高度（mm）	柱体数量
1	10	9
2	10	7

续表

实验组别	高度（mm）	柱体数量
3	10	5
4	8	9
5	8	7
6	8	5
7	6	9
8	6	7
9	6	5

3.1.2 实验设备及样品制备

3.1.2.1 实验设备

本实验使用 API 标准的裂缝导流测试分析系统进行模拟实验，设备可承受的最大闭合应力为 120MPa，可满足实验设计的要求（图 3-1）。

3.1.2.2 样品制备

本实验使用的支撑剂柱材料为 CARBO 支撑剂，该支撑剂在显微镜下的形态如图 3-2 所示。在实验前，利用 XRD 测试该支撑剂的矿物成分，具体结果见表 3-3。

图 3-1 裂缝导流能力测试分析系统

图 3-2 支撑剂颗粒材料的显微镜图像

表 3-3 支撑剂材料的 XRD 测试结果

矿物类型	石英	长石	钠长石	方解石	金刚砂	赤铁矿
含量（%）	92	5	1	2	—	—

本实验制作的支撑剂柱应近似呈圆柱体，各支撑剂柱外观应基本保持一致，且不会轻易发生垮塌和松散，能有效聚集支撑剂颗粒。其具体制作步骤如下（图 3-3）：

（1）首先称量 33g 所选的 CARBO 支撑剂材料，随后根据 4‰的比例称量纤维，一并放入烧杯中；

（2）在加入胶水之前，用手或玻璃棒尽量将烧杯中的纤维打散，充分混合在支撑剂颗粒中，防止随后加入胶水时纤维凝成团；

（3）向烧杯中缓慢地加入胶水的同时用玻璃棒不停地搅拌，直至烧杯中的支撑剂颗粒、纤维与胶水充分地混合固化，形成一种黏性的支撑剂团；

（4）将支撑剂团放入一个特殊的金属模型中（内径 10mm，高度 1cm），通过机械压实的方式使支撑剂团充满模型；

（5）取出成型的支撑剂柱，将支撑剂柱放入加热炉，在 60℃下加热 1h，然后在室温下放置 0.5h，得到已经固结的支撑剂柱。

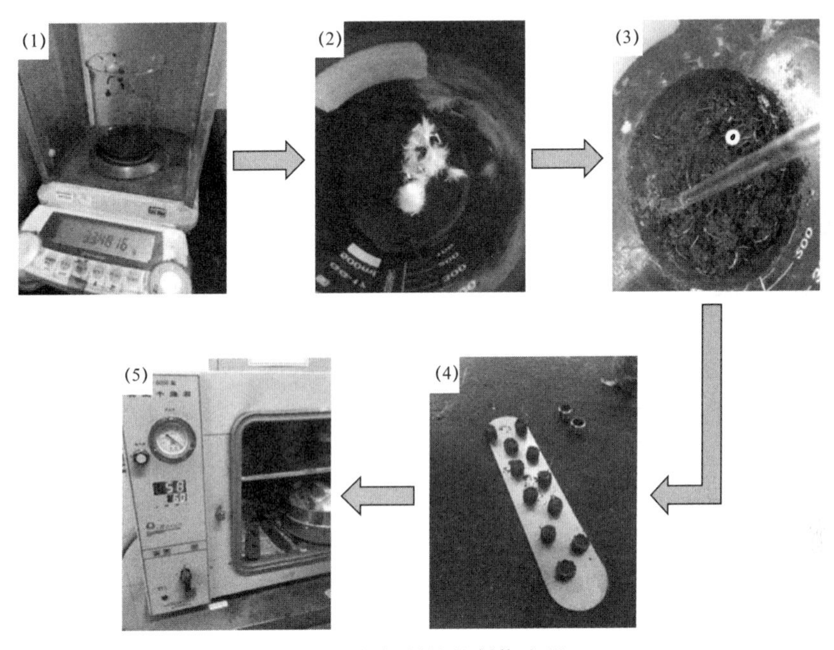

图 3-3　支撑剂柱的制作流程

制作得到的支撑剂柱的形状如图 3-4 和图 3-5 所示。

图 3-4　支撑剂肉眼真实观察形状

图 3-5　支撑剂肉眼真实观察与实物参照形状

3.1.3 实验步骤

本实验的具体实验步骤如下。

（1）导流室装配（图 3-6 至图 3-9）。

① 将导流室的各个进出口孔用相应的封头堵上，并在每个孔靠导流室的内侧加上筛网；

② 将导流室的上下两层盖板套上胶圈，并在周围均匀地涂上凡士林，以达到润滑的目的，使之能够顺利地封入导流室，在套上胶圈之后小心地滑动，使胶圈张力均匀；

③ 将底层盖板装入导流室，并在导流室底部垫上钢板，将准备好的支撑剂柱放入导流室，按照事先设定好的排列方式排列在钢板上；

④ 将另一片钢片放入导流室，压在支撑剂柱上，小心地将上层盖板盖入导流室。若胶圈未脱落则导流室装配成功（如果要进行导流能力测试的话，此处操作在进行导流能力测试的时候非常关键，因为胶圈很容易在此环节脱落造成密封失败。在导流能力测试中，一旦发生密封失败，整个实验就必须终止而失败）。

图 3-6　导流室封头安装

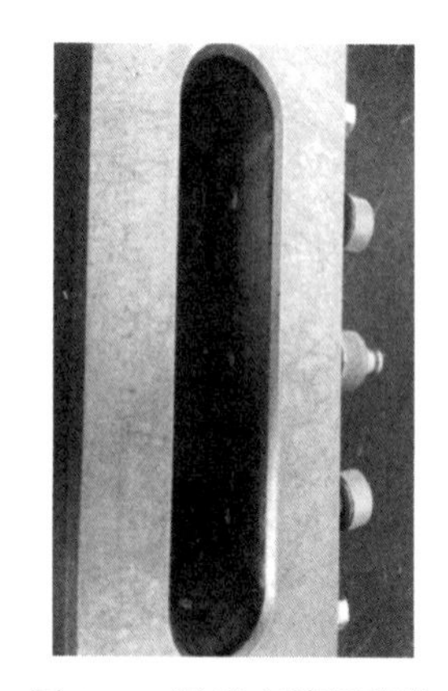

图 3-7　导流室筛网安装

图 3-8 支撑剂柱放入导流室

图 3-9 导流室装配成功

（2）测试平台安装。

将导流室安装到测试平台，保证平台水平，导流室正确放置在平台中央，手动旋转压力试验机，使试验机上部刚好接触导流室（图 3-10）。

图 3-10 测试平台安装

（3）支撑剂柱轴向位移测量。

① 准备工作：在导流室上安装两个位移计。

② 实验阶段：使用压力泵对导流室加压，在指定压力下静置 1min，使压力达到稳定状态。

③ 测量阶段：记录两个位移计的数值，求取平均值作为总的轴向位移，并根据导流室和岩样的弹性模量计算支撑剂柱的折算位移。

3.1.4 实验结果

从图 3-11 中可以看到，支撑剂柱在轴向压力的作用下，柱体沿径向圆周较均匀地散开，呈一张近似圆形的薄饼状柱体。支撑剂柱在不同闭合应力下的变形形状如图 3-12 所示。

图 3-11 实验后的支撑剂柱

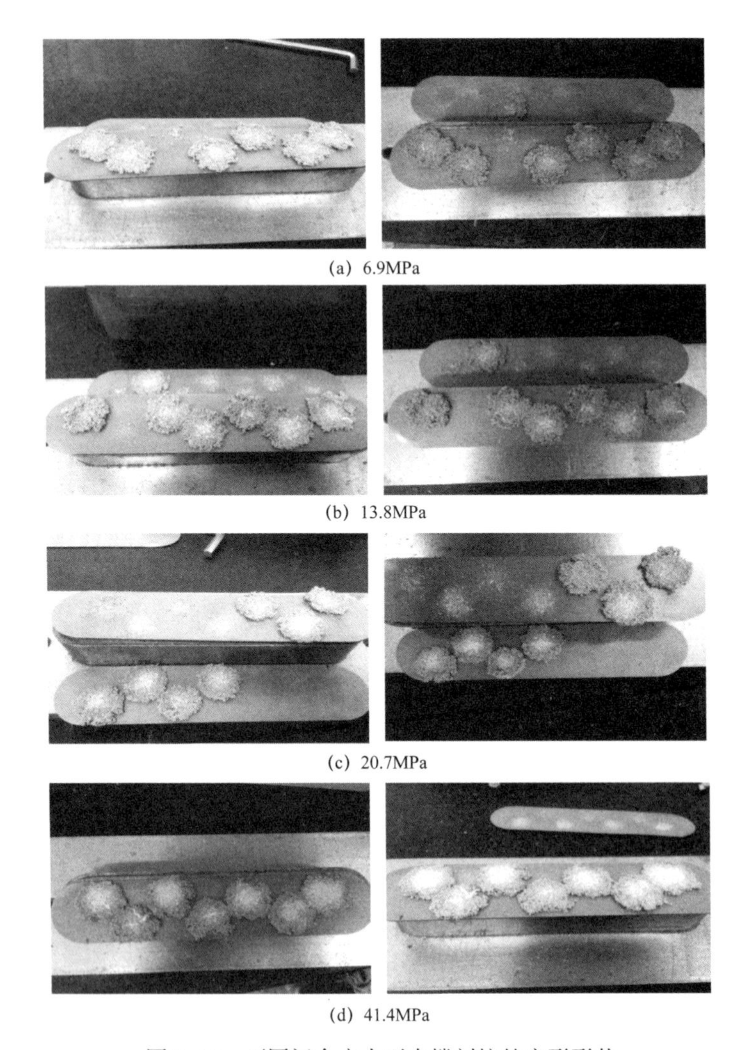
(a) 6.9MPa
(b) 13.8MPa
(c) 20.7MPa
(d) 41.4MPa

图 3-12 不同闭合应力下支撑剂柱的变形形状

3.1.5 影响因素分析

3.1.5.1 闭合应力对支撑剂柱变形的影响

在探究闭合应力对支撑剂柱变形的影响时，支撑剂柱均采用折线排列方式。在实验过程中，除改变支撑剂柱的高度、数量及闭合应力以外，还应保证支撑剂的类型、纤维比例、纤维的加入方式等因素保持不变。支撑剂柱轴向位移和径向位移与闭合应力的关系如图 3-13 所示。

从图 3-13 中可以看出，随着闭合应力的增大，支撑剂柱逐渐被压实，支撑剂柱的轴向位移和径向位移逐渐增大，支撑剂柱的高度逐渐减小，相应的支撑剂颗粒铺置层数逐渐减少。支撑剂柱高度越高，位移越大，位移变化的幅度越小；支撑剂柱数量越多，位移越小，位移变化的幅度越小。

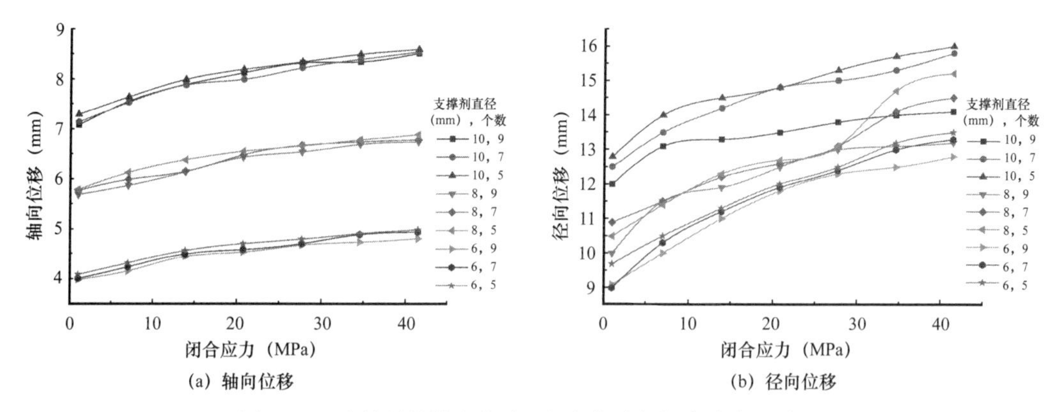

图 3-13　支撑剂柱轴向位移和径向位移与闭合应力的关系

3.1.5.2　排列方式对支撑剂柱变形的影响

在本节实验中，支撑剂柱分别选用折线、正方形和菱形排列方式，以探究支撑剂柱排列方式对其变形的影响。各组实验的最大闭合应力均为41.4MPa，支撑剂柱数量均为4个，且其余变量也均保持一致。三种排列方式的支撑剂柱在41.4MPa下的实验结果如图3-14至图3-16所示。

图 3-14　支撑剂柱在正方形排列方式下的变形形状

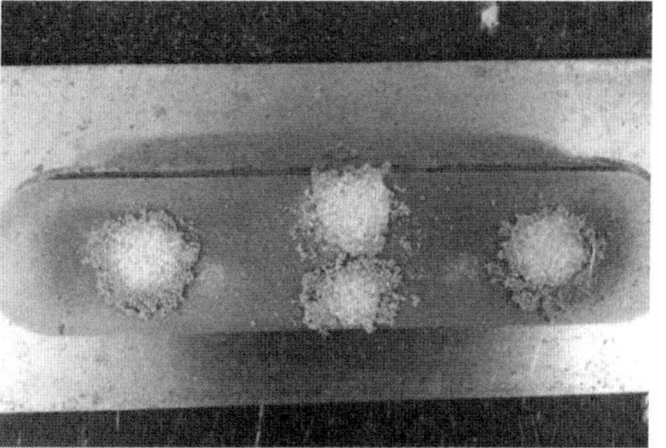

图 3-15　支撑剂柱在菱形排列方式下的变形形状

图 3-16　支撑剂柱在折线排列方式下的变形形状

从图 3-14 至图 3-16 中可以看出，在高闭合应力条件下，通过折线排列方式的支撑剂柱仍然能单独地保持非常完整的破坏形状，并形成有效的导流通道；而正方形和菱形排列方式因为导流室空间有限，相邻支撑剂柱接触后会发生严重的挤压变形，破坏支撑剂柱的稳定性。同时，由于铺砂浓度较小，因此形成的通道宽度较小，不能形成有效的导流通道，会大大地影响裂缝导流能力。

3.1.5.3　闭合应力对支撑剂柱高度的影响

根据轴向位移数据，可以分析闭合应力对支撑剂柱高度的影响。支撑剂柱初始高度为 10mm，柱体数量分别为 5、7、9 时，支撑剂柱高度随闭合应力变化的关系如图 3-17 所示。

支撑剂柱初始高度为 8mm，柱体数量分别为 5、7、9 时，支撑剂柱高度随闭合应力的变化关系如图 3-18 所示。

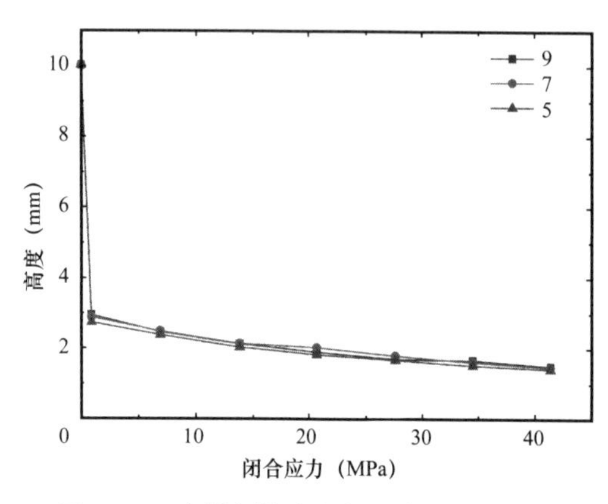

图 3-17　支撑剂柱高度与闭合应力的关系
（支撑剂柱初始高度 10mm）

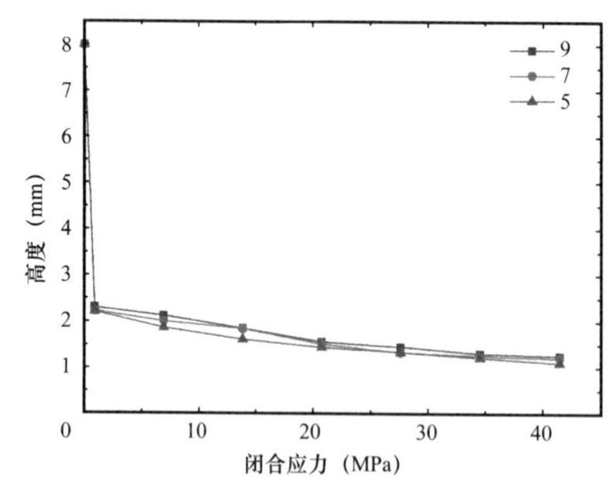

图 3-18　支撑剂柱高度与闭合应力的关系
（支撑剂柱初始高度 8mm）

支撑剂柱初始高度为 6mm，柱体数量分别为 5、7、9 时，支撑剂柱高度随闭合应力的变化关系如图 3-19 所示。

从图 3-17 至图 3-19 可以看出，支撑剂柱初始高度越高，支撑剂柱高度的变化越大，承压阶段高度变化的幅度越小。支撑剂柱数量越多，支撑剂柱高度的变化越小，承压阶段高度变化的幅度也越小。每组实验均是在闭合应力为0.4～0.7MPa时完成压实阶段。在该阶段，支撑剂柱高度急剧降低；在进入承压阶段后，支撑剂柱高度随压力的变化逐渐放缓，最后趋于稳定。

3.1.5.4 闭合应力对支撑剂柱直径的影响

根据径向位移数据，可以分析闭合应力对支撑剂柱直径的影响。支撑剂柱高度为10mm，柱体数量分别为5、7、9时，支撑剂柱直径随闭合应力的变化关系如图3-20所示。

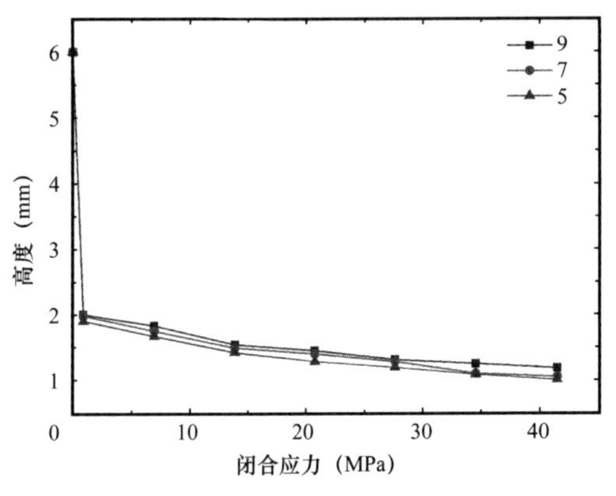

图3-19 支撑剂柱高度与闭合应力的关系（支撑剂柱初始高度6mm）

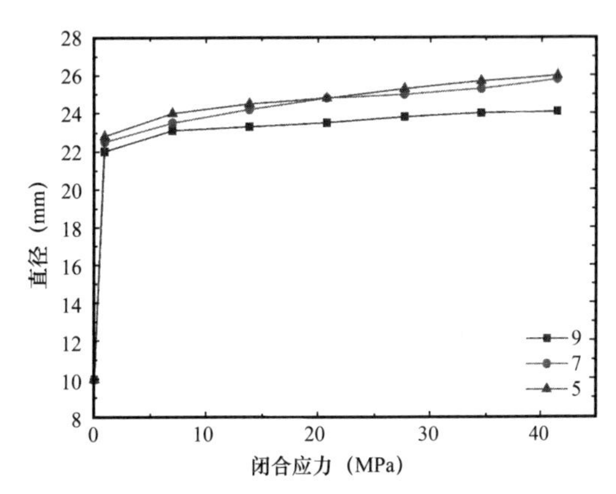

图3-20 支撑剂柱直径与闭合应力的关系（支撑剂柱高度10mm）

支撑剂柱高度为8mm，柱体数量为5、7、9时，支撑剂柱的直径随闭合应力的变化关系如图3-21所示。

支撑剂柱高度为6mm，柱体数量为5、7、9时，支撑剂柱的直径随闭合应力的变化关系如图3-22所示。

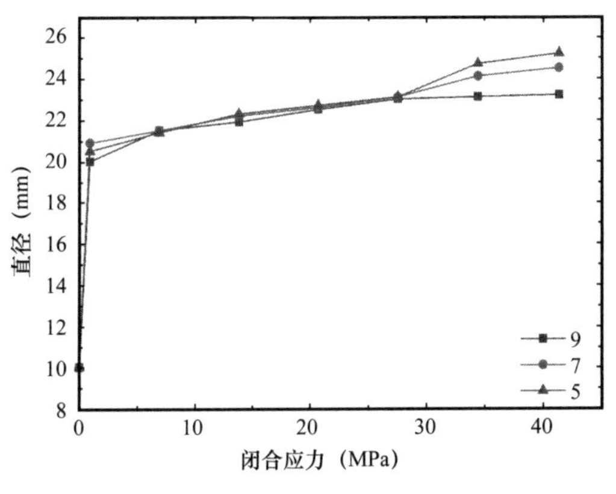

图3-21 支撑剂柱直径与闭合应力的关系（支撑剂柱高度8mm）

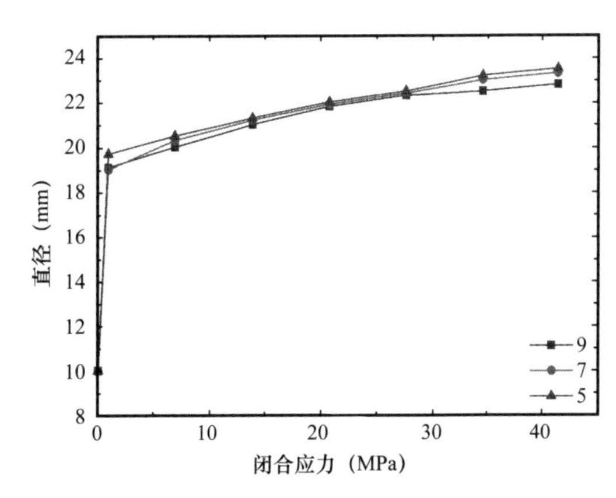

图3-22 支撑剂柱直径与闭合应力的关系（支撑剂柱高度6mm）

从图 3-20 至图 3-22 可以看出，支撑剂柱高度越高，支撑剂柱直径的变化越大，承压阶段直径变化的幅度越小。支撑剂柱数量越多，支撑剂柱直径的变化越小，承压阶段直径变化的幅度也越小。每组实验均是在闭合应力为 0.4～0.7MPa 时完成压实阶段。在该阶段，支撑剂柱直径急剧增大；在进入承压阶段后，支撑剂柱直径随压力的变化逐渐放缓，最后趋于稳定。

3.1.5.5 支撑剂柱的应力—应变特征

（1）闭合应力对支撑剂柱轴向应变的影响。

在位移数据的基础上，通过除以相应的支撑剂柱高度（直径）可得到支撑剂柱的轴向（径向）应变，从而可以分析闭合应力对支撑剂柱轴向（径向）应变的影响。支撑剂柱高度分别为 10mm、8mm、6mm，柱体数量分别为 5、7、9 时，支撑剂柱轴向应变随闭合应力变化的关系如图 3-23 所示，支撑剂径向应变随闭合应力变化的关系如图 3-24 所示。

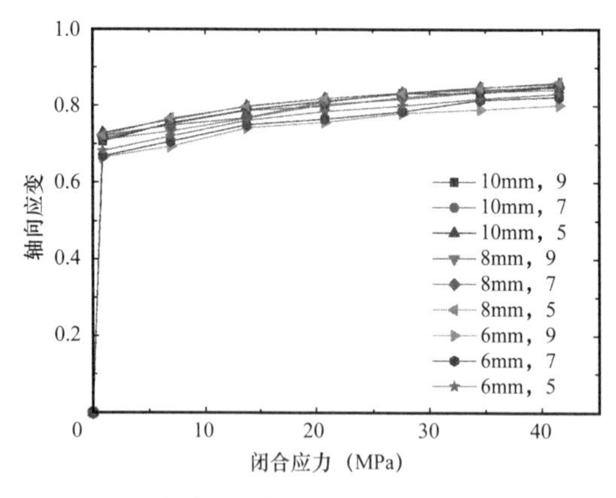

图 3-23 支撑剂柱轴向应变与闭合应力的关系

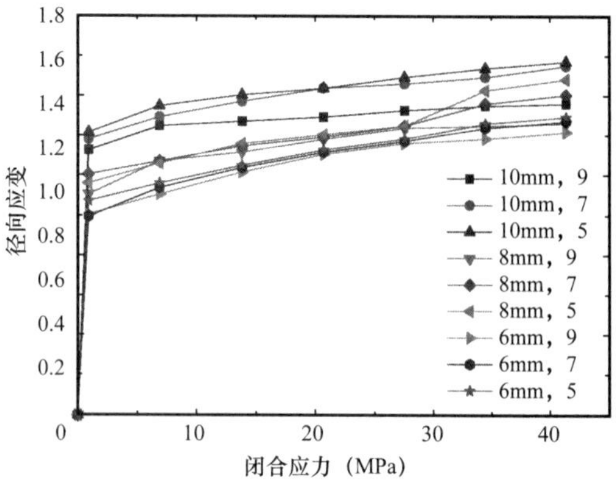

图 3-24 支撑剂柱径向应变与闭合应力的关系

从图 3-23 和图 3-24 可以看出，当闭合应力较低时，支撑剂柱的轴向及径向应变随闭合应力的增大而迅速增大，此时支撑剂柱处在压实阶段，这个阶段支撑剂柱轴向及径向应变增大的原因主要是堆积体的压实（颗粒间孔隙的减小）；随着闭合应力逐渐增大，支撑剂柱的轴向及径向应变随之增大，但增速放缓，该阶段是支撑剂柱的承压阶段，此时支撑剂柱的轴向及径向应变受到支撑剂类型、粒径、闭合应力等多种因素的影响，这个状态也是实际地层中通道形成后支撑剂柱的受力状态，直接影响着通道的稳定性。

3.1.6 支撑剂柱的非线性本构模型

在本实验中，支撑剂受力变形的描述如图 3-25 所示：

在初始高度为 10mm 时，不同支撑剂柱个数条件时的实验结果如图 3-26 所示。

拟采用非线性本构模型描述实验结果，本构模型形式如下：

$$\sigma = E\varepsilon + (K\varepsilon)^n \tag{3-1}$$

式中 σ——应力；

ε——应变；

E——等效弹性模量；

K——硬化系数；

n——硬化指数。

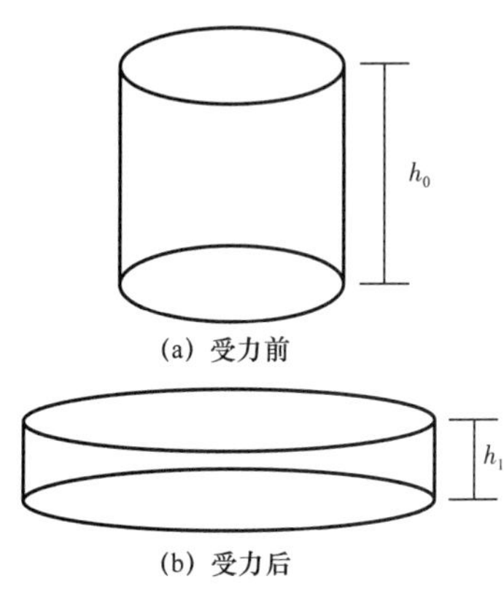

图 3-25 支撑剂受力模式示意图

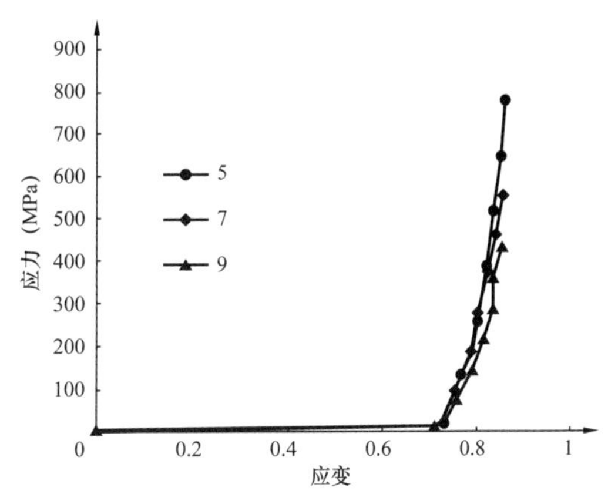

图 3-26 支撑剂柱高度的应力—应变曲线

（支撑剂柱初始高度 10mm）

采用非线性拟合确定各材料常数，数值验证结果如图 3-27 所示：

支撑剂柱初始高度为 10mm 时的数值模拟结果与实验结果有很好的吻合度。因此，进一步使用该本构模型计算初始高度为 8mm 的支撑剂柱的数值结果，并与实验结果相对比（图 3-28）。

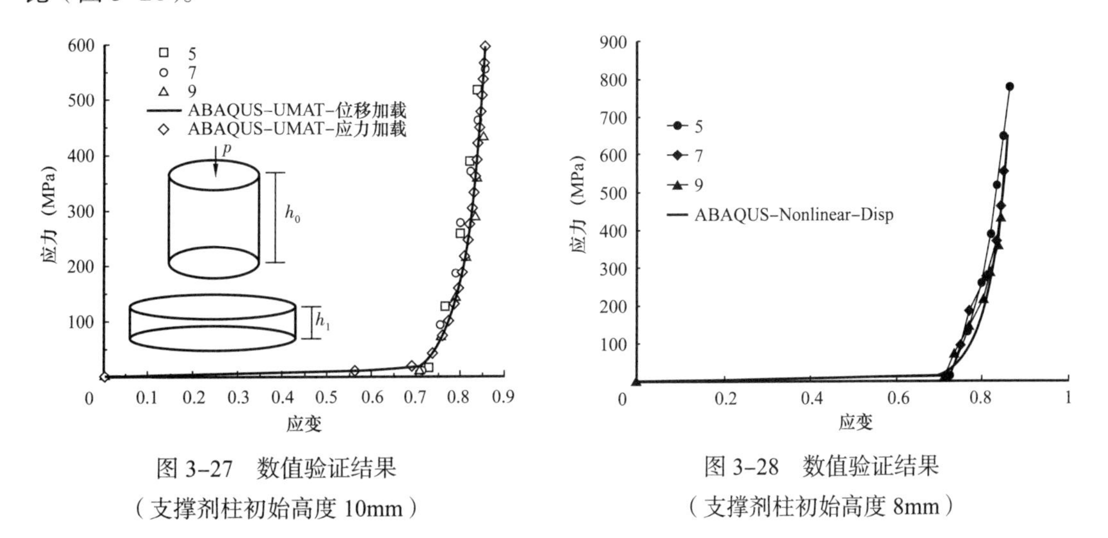

图 3-27 数值验证结果

（支撑剂柱初始高度 10mm）

图 3-28 数值验证结果

（支撑剂柱初始高度 8mm）

数值结果与实验结果吻合很好，从数值计算结果可以看出，该本构模型能够较为精确地描述支撑剂柱在受压情况下的变形行为。

3.1.7 支撑剂柱应力—高度关系对现场的指导

支撑剂柱的应力—高度关系反应了地层应力与缝宽之间的关系，从压裂砂浓度角度研究支撑剂柱的应力—高度关系的规律，可进一步深化现场工作对地层的认识，具有一定的实际意义。

图 3-29 是不同砂浓度下，初始高度为 6mm 的支撑剂柱，其缝宽随闭合应力的变化。随着闭合应力的增大，160kg/m³ 柱体的缝宽先快速减小，尔后缓慢减小，这是由于低应力状态下柱体孔隙度较大，较易被压缩，而高应力状态下颗粒接触紧密、柱体承压能力增强。这种变化规律随着携砂液砂浓度的增大而逐渐不明显。可见砂浓度的增加使得柱体的孔隙度减小，低应力下的抗压能力增强，缝宽减小的速度减慢。

图 3-30是不同砂浓度下，初始高度为 8mm 的支撑剂柱，其缝宽随闭合应力的变化。类似 6mm 柱体的缝宽变化，8mm 柱体的缝宽在低应力状态下同样有较大的减小量，而在高应力状态下，相同应力增量对应的缝宽减少量却逐渐减小，可见柱体在高应力状态下的抗压性能较好。随着砂浓度的增大，这种规律逐渐减弱。

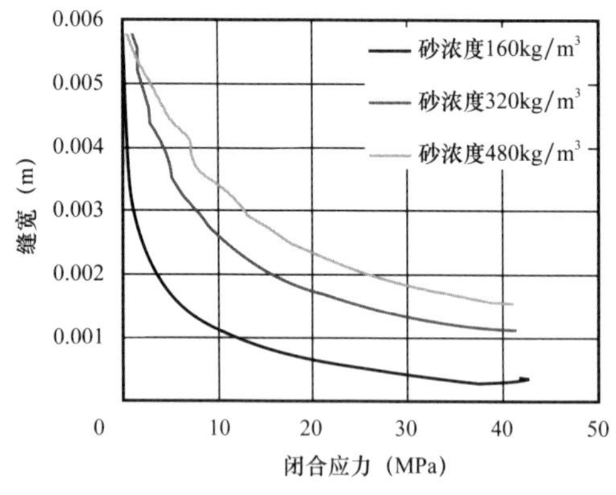

图 3-29 不同砂浓度下支撑剂柱缝宽随闭合应力的变化（支撑剂柱高度 6mm）

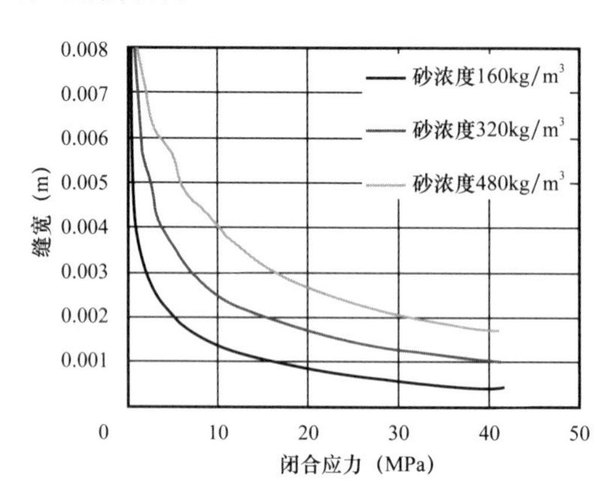

图 3-30 不同砂浓度下支撑剂柱缝宽随闭合应力的变化（支撑剂柱高度 8mm）

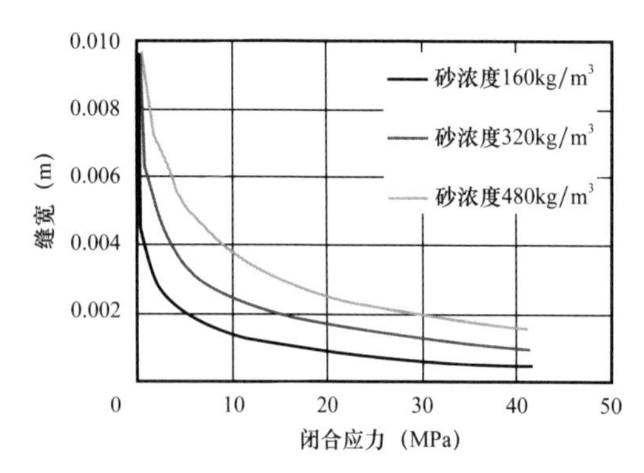

图 3-31 不同砂浓度下支撑剂柱缝宽随闭合应力的变化（支撑剂柱高度 10mm）

图 3-31 是不同砂浓度下，初始高度为 10mm 的支撑剂柱，其缝宽随闭合应力的变化。从图 3-31 中可以看出，缝宽随应力的增大先迅速下降，再缓慢减小，仍反映了相同规律。但对比 6mm、8mm、10mm 三图可知，砂浓度对缝宽—应力关系的影响随着支撑剂柱高度的增加逐渐减弱。也就是说，砂浓度的增加使得支撑剂柱在低应力状态下的抗压能力增强，但高度的增大却使得低应力下的抗压能力减弱。这说明支撑剂柱高度的增加在一定程度上将减弱其稳定性。

3.2 高导流通道压裂裂缝—支撑剂柱相互作用模型的建立

3.2.1 高导流通道压裂裂缝—支撑剂柱相互作用模型

（1）高导流通道压裂裂缝—支撑剂柱相互作用物理模型。

在本节中，以大北 20- 斜 27 井的参数为基础，建立高导流通道压裂裂缝—支撑剂柱相互作用物理模型。该井裂缝有效长度约为 150m，泵注总时间约为 75min，由此可计算出，泵注长度为 2m/min，携砂液阶段时间为 2min，支撑剂的直径约为 5mm，裂缝高度约为 5mm。储层最小水平主应力为 50MPa，弹性模量为 30GPa，泊松比为 0.28。以支撑剂柱高度为 5mm，支撑剂柱直径为 5m，支撑剂柱间距为 5m 进行计算，可得到数值模拟所需的参数。

（2）高导流通道压裂裂缝—支撑剂柱相互作用有限元模型。

如图 3-32 所示，上下岩板采用六面体单元，选用结构网格划分技术，全局尺寸设定为 0.1m；支撑剂柱采用六面体单元，选用扫掠网格划分技术，全局尺寸设定为 0.025m。上下岩板施加相同的闭合应力，先后分别为 40MPa、50MPa、60MPa。上下岩板设置为面—面接触，忽略上下岩板接触时产生的摩擦力；法向设置为硬接触，硬度比例因子设置为 1。

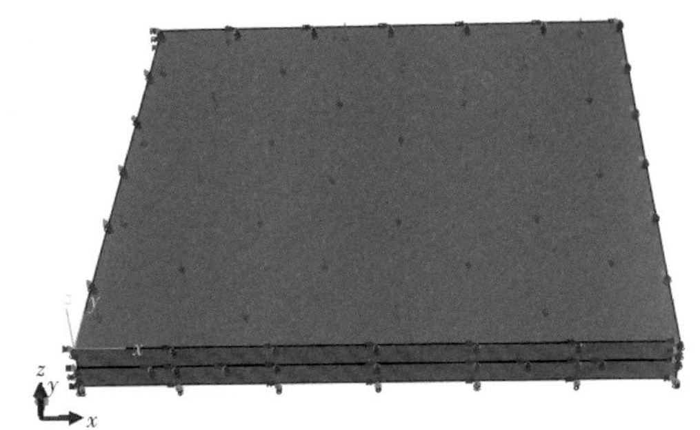

图 3-32　高导流通道压裂裂缝—支撑剂柱有限元模型

3.2.2 高导流通道压裂裂缝—支撑剂柱相互作用模拟结果分析

本节在 3.2.1 节中建立的裂缝—支撑剂柱有限元模型的基础上，对裂缝—支撑剂柱的相互作用过程进行模拟，得到上下岩板位移和接触应力云图、支撑剂柱的位移和应力云图等特征。

（1）高导流通道压裂裂缝—支撑剂柱互作用应力—变形云图。

由图 3-33 可知，上岩板中心位置沿 Z 向的负方向位移为 6.175mm，下岩板在中心位置沿 Z 向负方向的位移为 0.6675mm，则上下岩板的相对位移为 5.5075mm。由于支撑剂柱的总高度为 5mm，故此时上下岩板已经发生接触，裂缝完全闭合，支撑剂柱并不能有效支撑裂缝。

由图 3-34 可知，接触应力在支撑剂柱外侧和岩板中心位置均大于 50MPa，而其余部分接触应力则略小于 50MPa，这说明虽然裂缝已闭合，但是裂缝内一部分区域的接触应力仍小于储层的闭合应力；根据常规连续加砂室内导流能力实验和理论研究可知，裂缝闭合应力减小，可显著提高裂缝的导流能力，支撑剂柱对改善裂缝的导流能力仍能起到一定的作用。

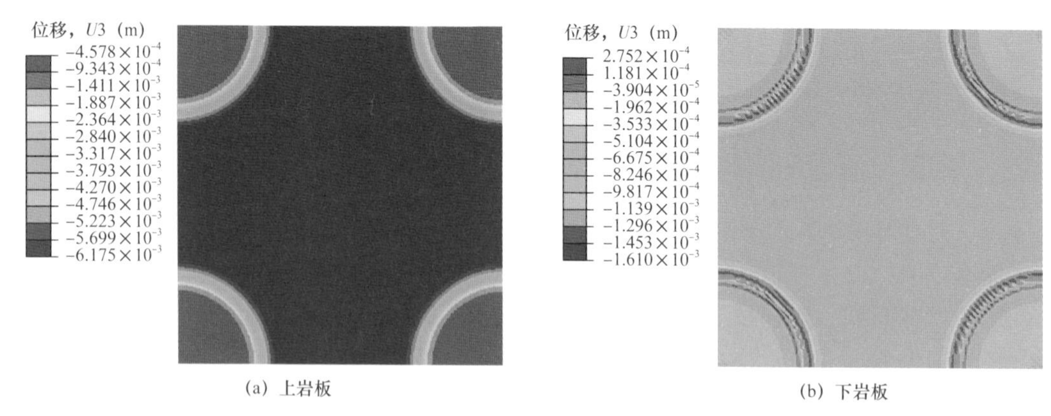

(a) 上岩板 (b) 下岩板

图 3-33 上岩板 Z 向位移云图与下岩板 Z 向位移云图

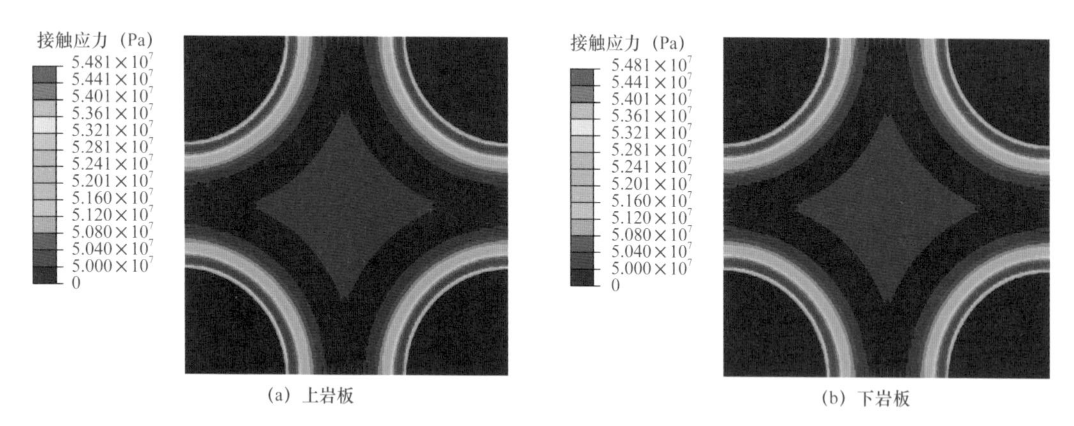

(a) 上岩板 (b) 下岩板

图 3-34 上岩板接触应力云图与下岩板接触应力云图

由图 3-35 可知，在 50MPa 的闭合应力作用下，在 X、Y 方向的径向位移分别为 1.7mm 和 1.58mm。根据 Halliburton 支撑剂柱室内岩板压缩实验（图 3-36），支撑剂柱的轴向位移为 0.21mm，可知在 50MPa 的闭合应力条件下，支撑剂柱的轴向位移约为 0.18mm，基本与数值模拟结果一致，说明了数值模拟结果的可靠性。

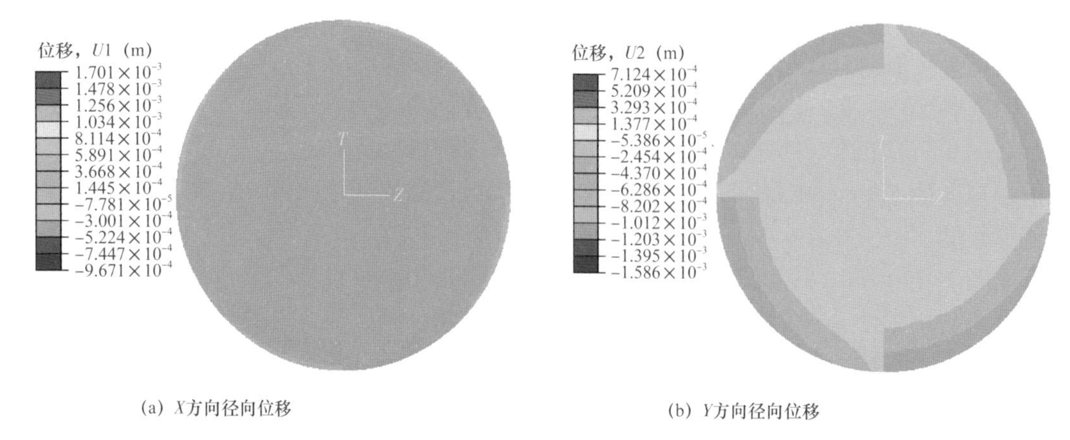

(a) X方向径向位移 (b) Y方向径向位移

图 3-35 支撑剂柱的位移云图

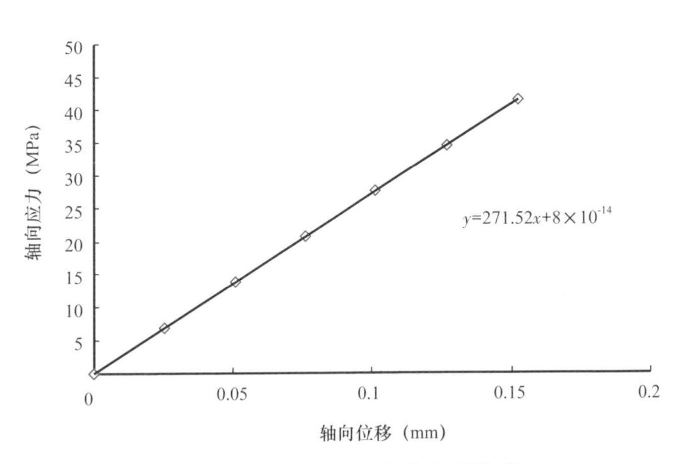

图 3-36　Halliburton 室内实验数据

由图 3-37 可知，在 50MPa 的闭合应力作用下，支撑剂柱的外侧边缘由于位移较大，受到较大的正应力，因此较易发生压应力破坏，同时边缘处局部还伴随着拉应力的破坏，因此支撑剂柱在压缩时较易出现边缘的剥离及向四周扩散。

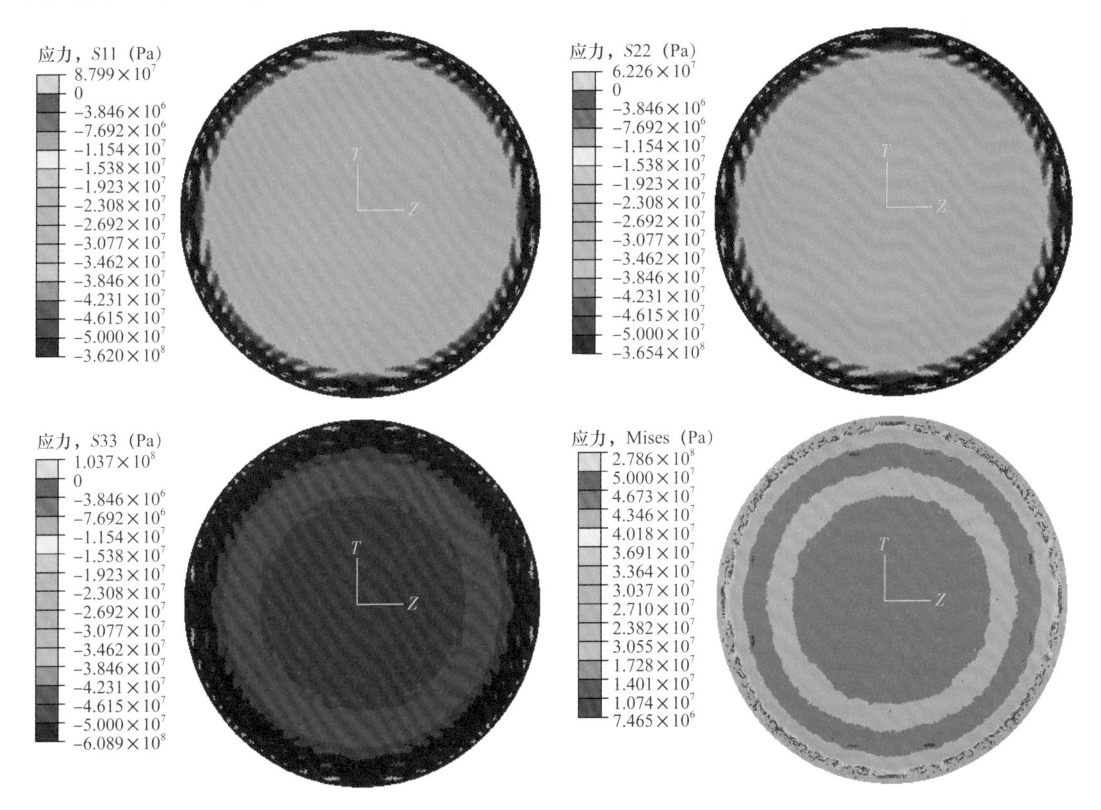

图 3-37　支撑剂柱的位移应力云图

（2）高导流通道压裂裂缝的支撑特征。

为了研究高导流通道压裂在压裂液返排后，支撑剂柱中间的裂缝是否闭合以及闭合后的接触应力的数值，特在模型中间沿 X 和 Y 方向分别设置一条路径，如图 3-38 所示，以绘制出左右侧裂缝壁面的相互位移和接触应力。

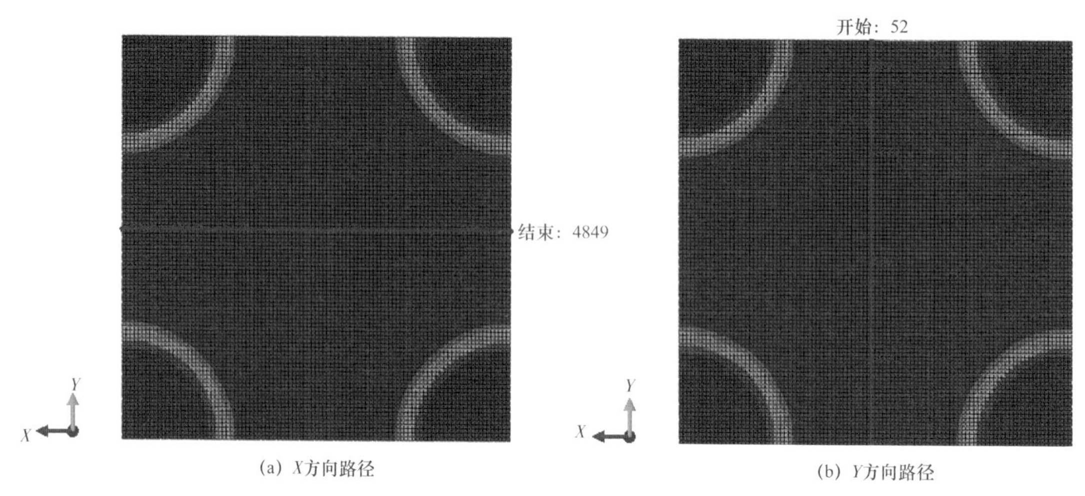

(a) X方向路径　　(b) Y方向路径

图 3-38　路径示意图

由于该模型的支撑剂柱尺寸和间距均相同，根据对称性原理，仅需分析 X 方向的计算结果。

在轴向位移曲线图中，将下岩板的接触面设置为 X 轴，在闭合应力作用下，两岩板的轴向位移均为负值，用 5mm 减去上岩板轴向位移绝对值，形成如图 3-39 的对比图。因此，上岩板的轴向位移减去下岩板的轴向位移即得到上下岩板之间的距离。从图 3-39 中可以看出，两板之间的距离为负值，这说明裂缝已经闭合，负值越大，则两板压实得越严重。并且相对岩板两侧而言，岩板中间部分压实程度更为严重。

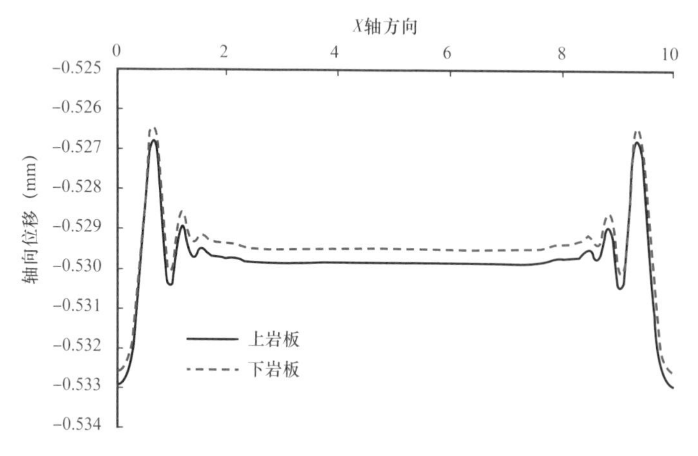

图 3-39　上下岩板的轴向位移曲线图

板接触应力云图及岩板接触应力曲线图分别为图 3-40 和图 3-41。图 3-41 中纵坐标均已减去 50MPa，因此 X 轴对应 50MPa 的接触应力。从图 3-41 中可以看出，接触应力在岩板中心位置均大于 50MPa，而其两端有些部分的接触应力小于 50MPa。原始地应力为 50MPa，这说明加入支撑剂柱后，虽然裂缝已闭合，但是裂缝内一部分区域的闭合应力减小，这可显著提高裂缝的导流能力。

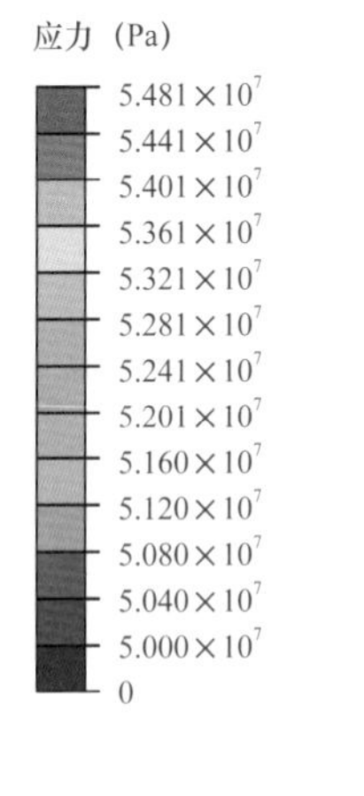

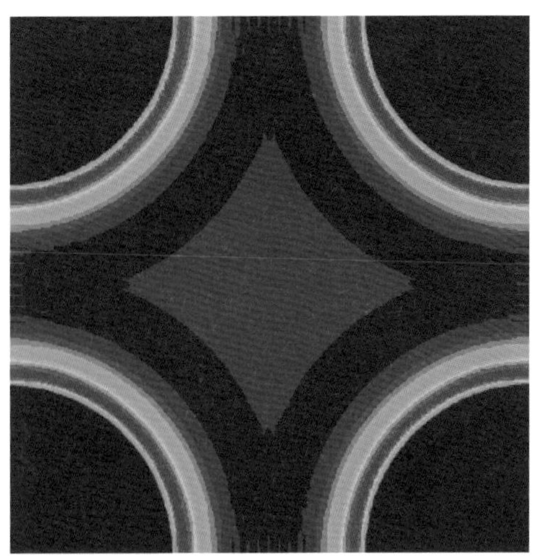

图 3-40　岩板接触应力云图

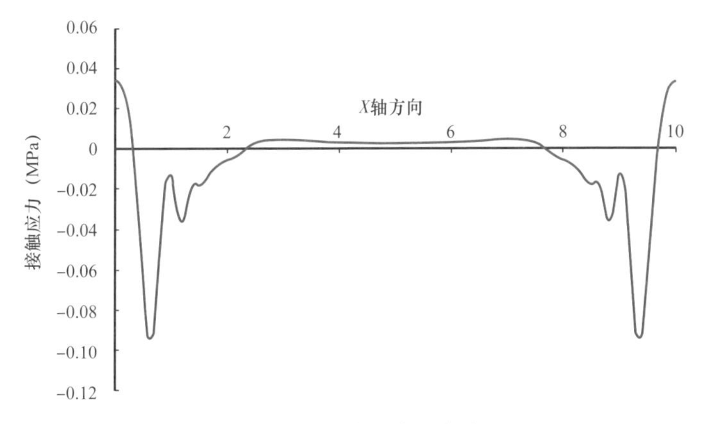

图 3-41　岩板接触应力曲线图

在岩板接触应力云图中，将支撑剂柱部分去除，得到如图 3-42 所示的区域。在总裂缝区域中，黑色部分为闭合应力小于 50MPa 的区域，将其称为有效支撑裂缝区域，如图 3-43 所示。设总裂缝区域面积为 A，利用图形分析软件计算出的有效支撑裂缝区域的面积为 B，经计算，$B/A=0.678$，这表明有效支撑裂缝所占比例为 67.8%。

在此基础上，进一步分析支撑剂柱的位移和变形特征，说明支撑剂柱的应力—应变形式。

从图 3-44 可以看出，支撑剂柱中心部分轴向位移相对较小，而支撑剂柱边缘轴向位移较大。上接触面轴向位移绝对值大于下接触面，因此支撑剂柱高度减小，图 3-45 表示支撑剂柱不同部分的压缩情况，从图 3-45 中可以看出，支撑剂柱边缘部分高度明显减小。

图 3-42　总裂缝区域

图 3-43　有效支撑裂缝区域

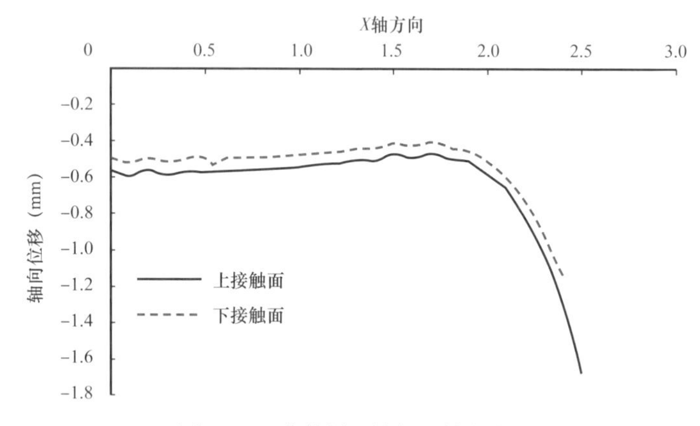

图 3-44　支撑剂两接触面轴向位移

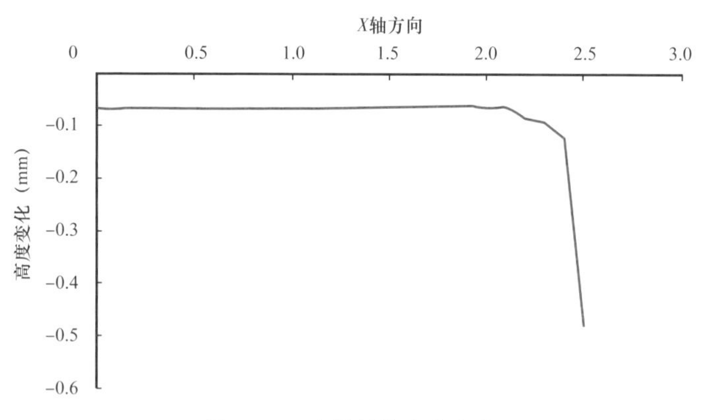

图 3-45　支撑剂柱高度变化

支撑剂柱两接触面受力分布基本一致，从图 3-46 中可以看出，在支撑剂柱边缘位置接触应力最大，因此较易发生压应力破坏，支撑剂柱在压缩时较易出现边缘的剥离及向四周的扩散。

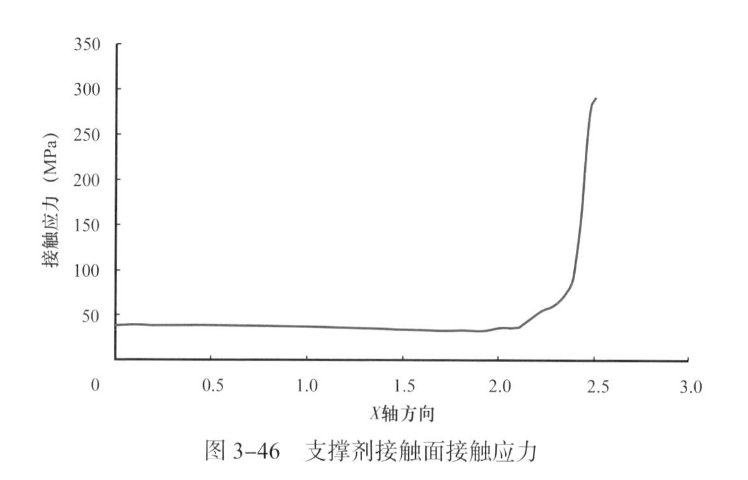

图 3-46　支撑剂接触面接触应力

3.3　高导流压裂通道和支撑剂柱的闭合变形及稳定性数值模拟

胜利油田储层地应力为 40～60MPa，弹性模量为 25～40GPa，泊松比为 0.27～028，符合高导流通道压裂的地质条件。支撑剂柱的高度分别为 3mm、5mm、8mm；支撑剂柱的直径分别为 1m、3m、5m，即模型尺寸分别为 2m，6m，10m。

现将地层弹性模量取 25GPa、30GPa、35GPa、40GPa，泊松比取 0.28；水平最小主应力取 40MPa、50MPa、60MPa；支撑剂柱的弹性模量取 1.7GPa，泊松比取 0.41。支撑剂柱的高度分别为 3mm，5mm，8mm；支撑剂柱的直径分别为 1m，3m，5m，即模型尺寸分别为 10m，6m，2m。在上述参数设定条件下，共需进行 108 组数值模拟计算，部分模拟参数见表 3-4。

表 3-4　高导流通道压裂数值模拟计算详细参数

因素	取值			
支撑剂柱直径（m）	1	3	5	—
支撑剂柱高度（mm）	2	5	8	—
地应力（MPa）	40	50	60	—
地层弹性模量（GPa）	25	30	35	40

3.3.1　地应力对裂缝闭合变形和稳定性的影响

在弹性模量为 40GPa 的情况下，以高度为 5mm，直径为 5m 的支撑剂柱为例，讨论地应力对裂缝闭合变形和稳定性的影响。

3.3.1.1　地应力对裂缝闭合变形的影响

（1）两个裂缝面的位移相互关系。

从图 3-47 可以看出，随着地应力的增大，两岩板轴向相对位移也增大，两岩板压缩得更加紧密。各个压力下两岩板轴向相对位移均大于 5mm，这说明裂缝已经闭合。

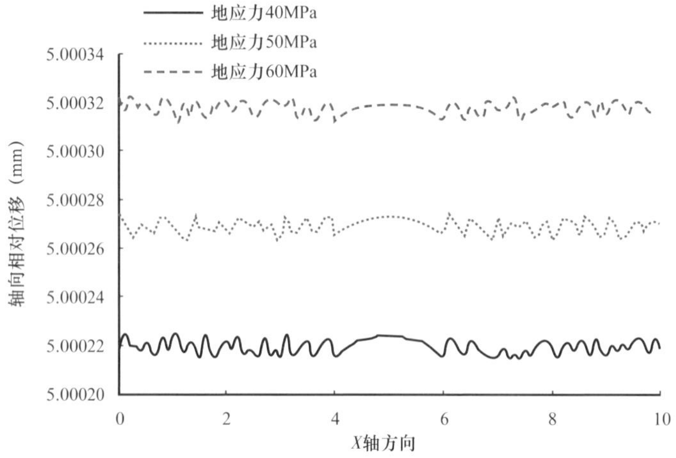

图 3-47　不同地应力下两岩板轴向相对位移图（弹性模量 40GPa）

（2）两个裂缝面的接触应力相互关系。

上下岩板相互接触，因此上下接触面受到的接触应力相同。从图 3-48 可以看出，随着地应力的增加，岩板所受到的接触应力逐渐增大，更容易发生变形和破碎。

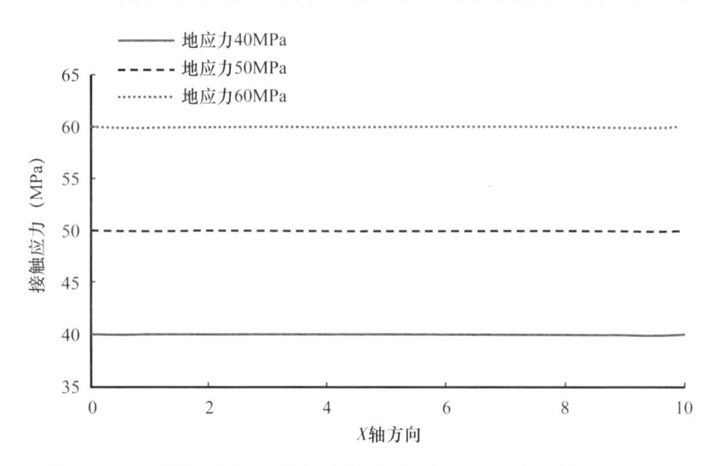

图 3-48　不同地应力下岩板接触应力对比图（弹性模量 40GPa）

3.3.1.2　地应力对裂缝—支撑剂柱稳定性的影响

从高度变化值图 3-49 中可看出，支撑剂柱高度的减少值也随着地应力增大而增大。而从接触应力图 3-50 中可看出，支撑剂柱受到的接触应力随着地应力增大而增大。地应力越大，支撑剂柱高度、直径、接触应力变化值相对较大。

3.3.1.3　地应力对裂缝有效支撑区域的影响

（1）有效支撑裂缝比例（以高度为 5mm、直径为 5m 的支撑剂柱为例）。

如图 3-51 所示，从左到右依次为 40MPa、50MPa、60MPa 地应力下岩板接触应力云图（弹性模量 40GPa）。利用图形分析软件，可以计算出各地应力下有效支撑裂缝所占比例：40MPa 为 71.69%，50MPa 为 70.26%，60MPa 为 68.9%。图 3-52 说明储层弹性模量不变的情况下，随着地应力的增加，裂缝的有效支撑比例减小。

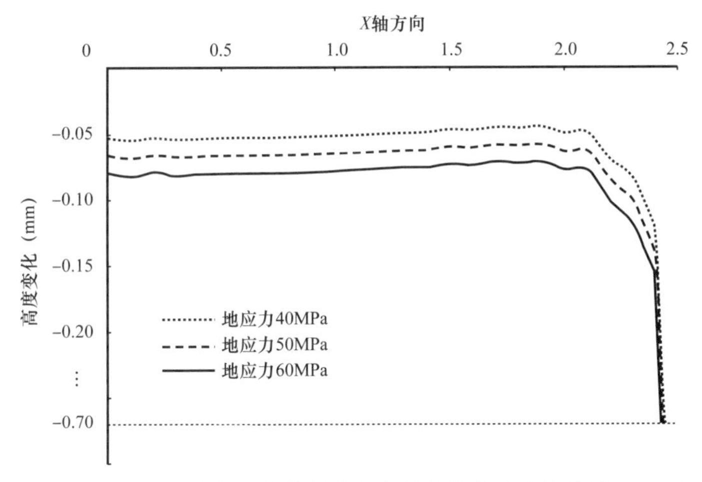

图 3-49 不同地应力下支撑剂柱高度的变化值（弹性模量 40GPa）

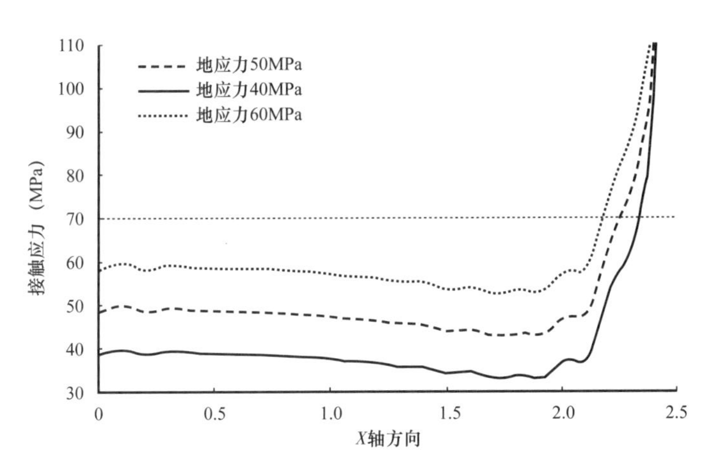

图 3-50 不同地应力下支撑剂柱接触应力对比（弹性模量 40GPa）

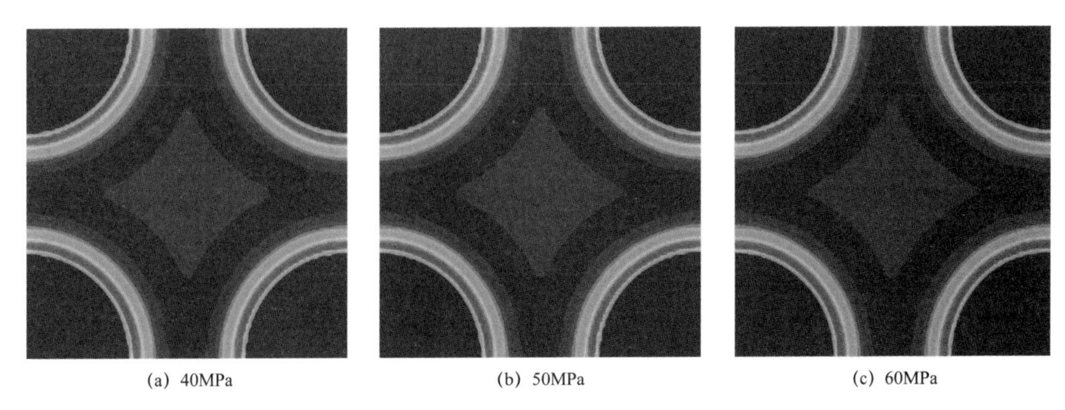

(a) 40MPa (b) 50MPa (c) 60MPa

图 3-51 不同地应力下岩板接触应力云图

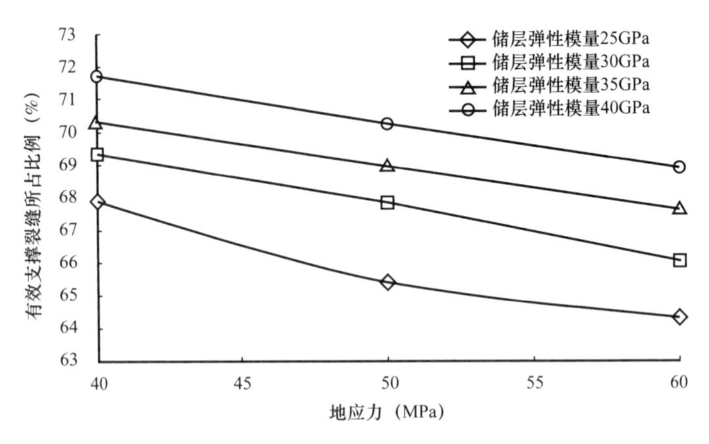

图 3-52　地应力对有效支撑裂缝的影响

（2）不同高径比下地应力对有效支撑裂缝的影响。

如图 3-53 至图 3-55 所示，从模拟结果中得出：弹性模量一定时，有效支撑比例随地应力增加而减小，且储层弹性模量对有效支撑比例影响较大。

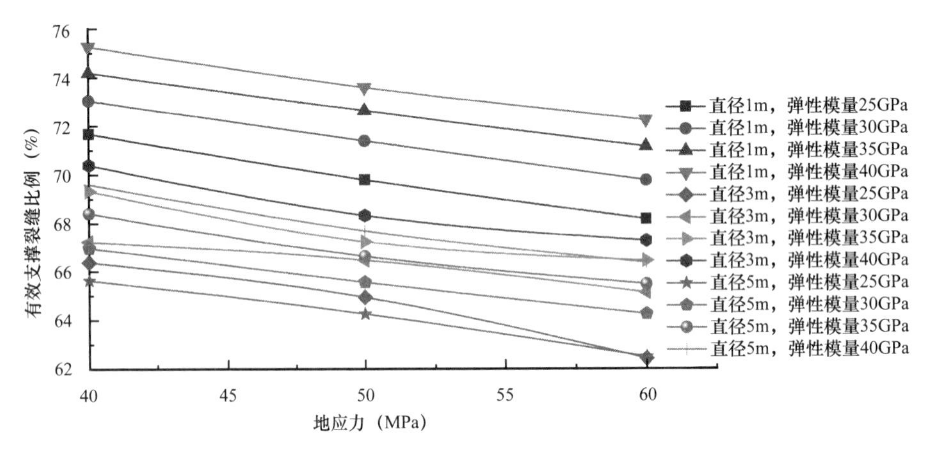

图 3-53　支撑剂高度 3mm，不同直径下地应力对有效支撑裂缝比例的影响

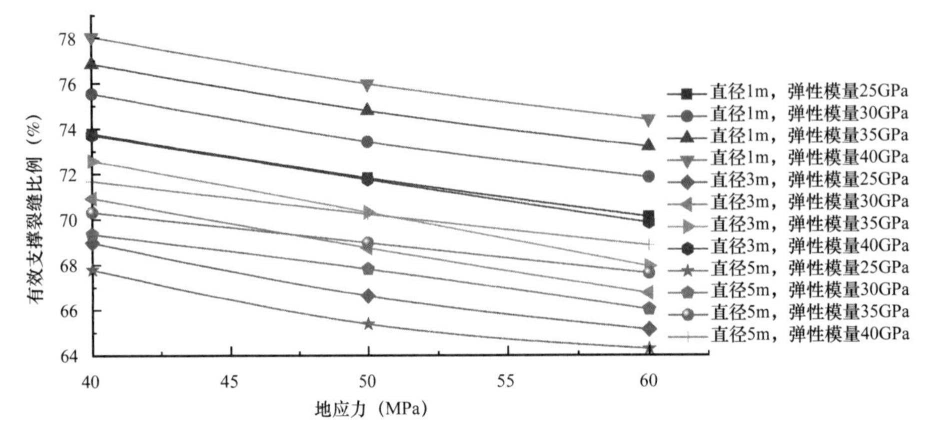

图 3-54　支撑剂高度 5mm，不同直径下地应力对有效支撑裂缝比例的影响

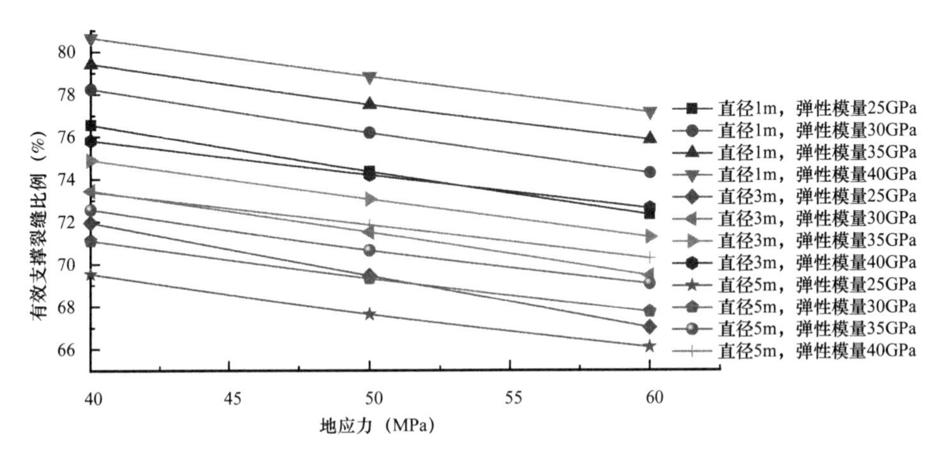

图 3-55　支撑剂高度 8mm，不同直径下地应力对有效支撑裂缝比例的影响

3.3.2　储层弹性模量对裂缝闭合变形和稳定性的影响

在地应力为 60MPa 的情况下，以高度为 5mm、直径为 5m 的支撑剂柱为例，探究储层弹性模量对裂缝闭合变形和稳定性的影响。

3.3.2.1　储层弹性模量对裂缝闭合变形的影响

（1）上下裂缝面位移相互关系。

从图 3-56 可以看出，在地应力不变的情况下，随着储层弹性模量的增大，上下岩板轴向相对位移逐渐减小。

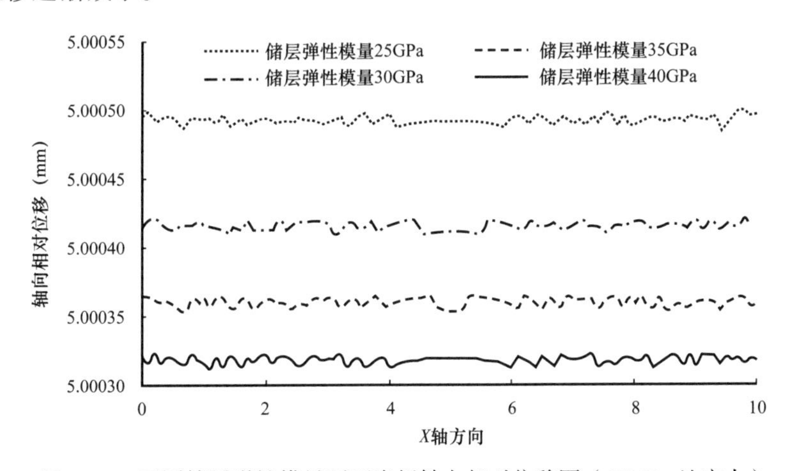

图 3-56　不同储层弹性模量下两岩板轴向相对位移图（60MPa 地应力）

（2）上下裂缝面接触应力相互关系。

从图 3-57 可以看出，在地应力不变的情况下，随着储层弹性模量的增大，岩板上接触应力小于 60MPa 的部分受到的接触应力逐渐减小，岩板中心部分基本一致，岩板两边则变化不规则。

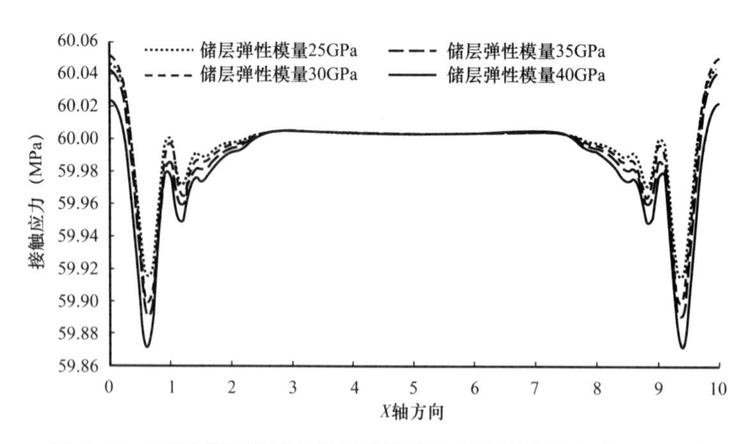

图 3-57　不同弹性模量下岩板接触应力对比图（地应力 60MPa）

3.3.2.2　储层弹性模量对裂缝—支撑剂柱稳定性的影响

从图 3-58 可以看出，在地应力不变的情况下，支撑剂柱边缘部分高度减少值随储层弹性模量增大而增大，而其余部分则减少。

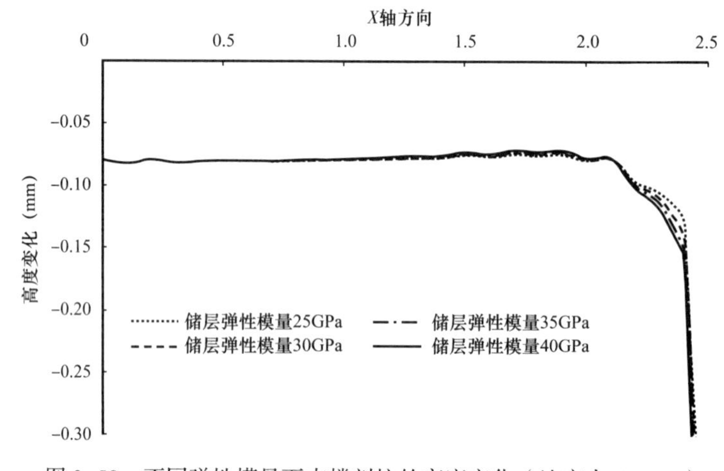

图 3-58　不同弹性模量下支撑剂柱的高度变化（地应力 60MPa）

从图 3-59 可以看出，在地应力不变的情况下，支撑剂柱边缘部分接触应力随储层弹性模量增大而增大，而其余部分则减少。

地应力不变的情况下，储层弹性模量变化后，不论是高度或者接触应力，其变化量都很小，因此可以得出，储层弹性模量对支撑剂柱稳定性影响较小。

3.3.2.3　储层弹性模量对裂缝有效支撑区域的影响

（1）有效支撑裂缝比例（以高度为 5mm、直径为 5m 的支撑剂柱为例）。

如图 3-60 所示，从左到右依次为 25GPa、30GPa、35GPa、40GPa 地应力下岩板接触应力云图（弹性模量 60MPa）。利用图形分析软件，可以计算出各储层弹性模量下有效支撑裂缝所占比例：25GPa 为 64.32%，30GPa 为 66.05%，35GPa 为 67.64%，40GPa 为 68.90%。这说明地应力不变的情况下，随着储层弹性模量的增加，裂缝的有效支撑比例增大。

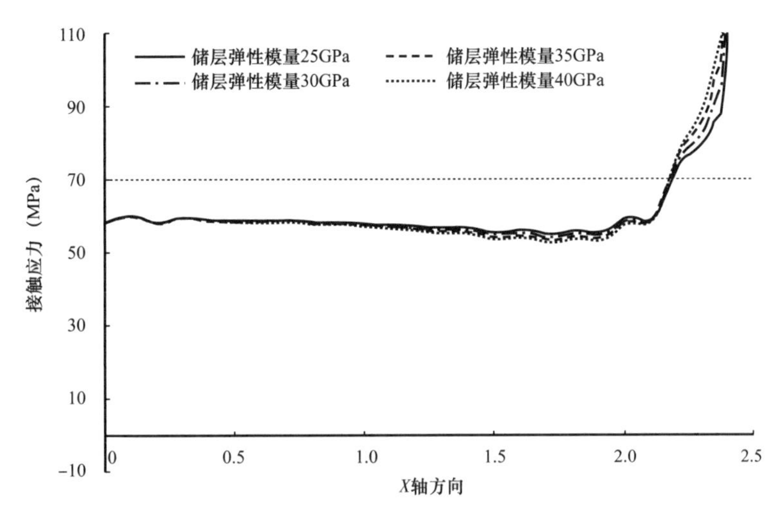

图 3-59 不同弹性模量下支撑剂柱接触应力（地应力 60MPa）

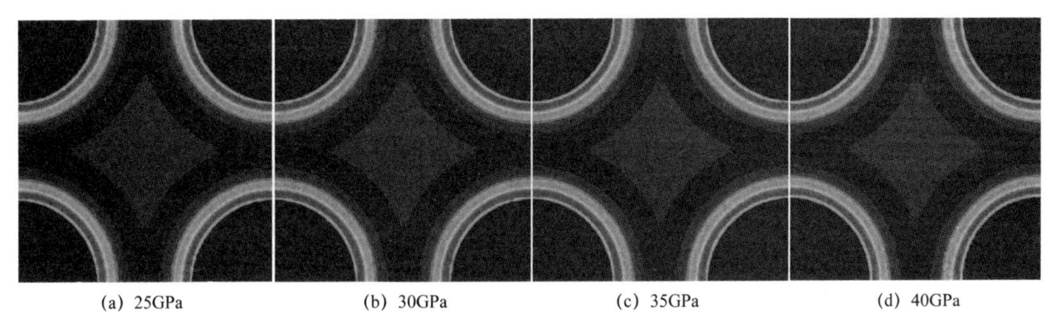

图 3-60 不同储层弹性模量下岩板接触应力云图

（2）不同高径比下储层弹性模量对有效支撑裂缝的影响。

如图 3-61 至图 3-63 所示，模拟结果显示：有效支撑裂缝比例随储层弹性模量的增大而增大，且这种增大趋势不受地应力的影响。

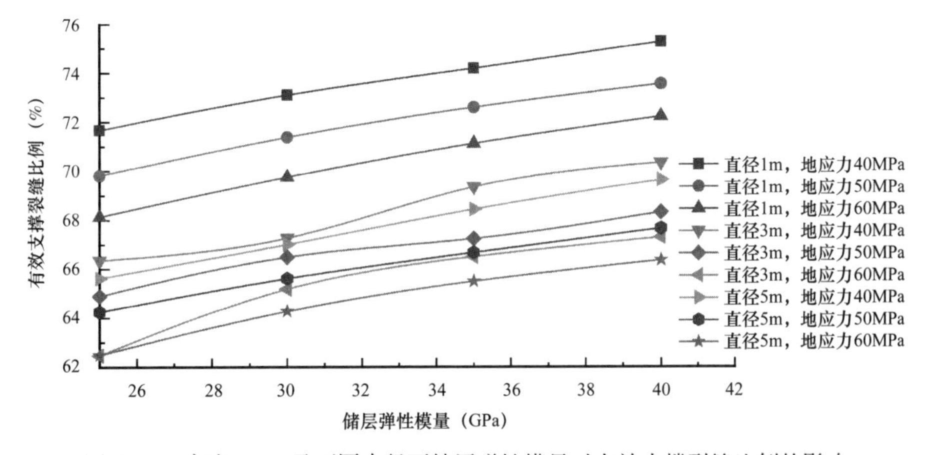

图 3-61 高度 3mm 及不同直径下储层弹性模量对有效支撑裂缝比例的影响

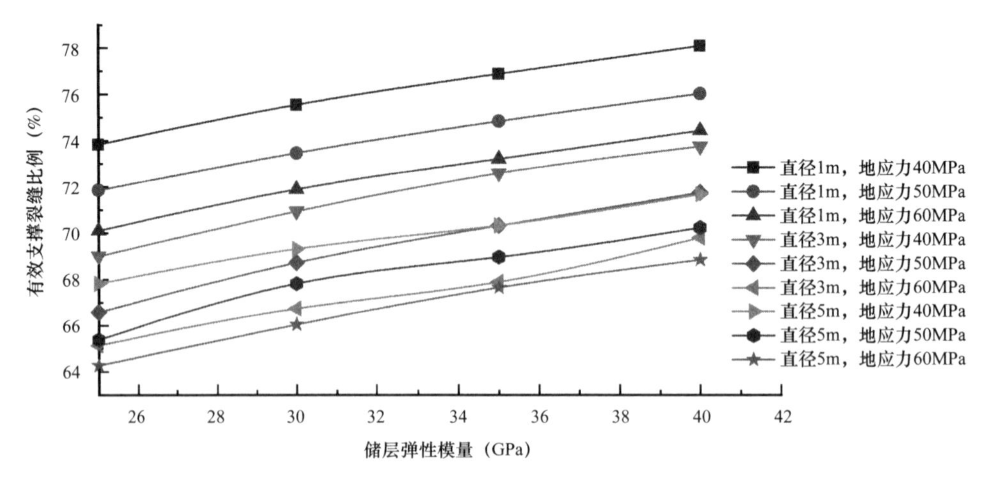

图 3-62　高度 5mm 及不同直径下储层弹性模量对有效支撑裂缝比例的影响

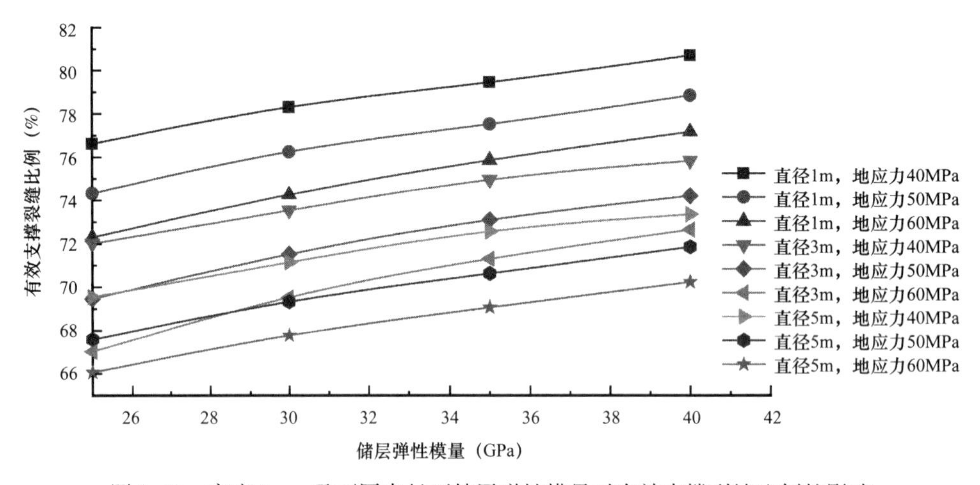

图 3-63　高度 8mm 及不同直径下储层弹性模量对有效支撑裂缝比例的影响

3.3.3　支撑剂柱的直径（间距）对裂缝闭合变形和稳定性的影响

在支撑剂柱高度为 5mm 的情况下，设定地应力为 50MPa，储层弹性模量为 40GPa，探究支撑剂柱直径对裂缝闭合变形和稳定性的影响。

（1）有效支撑裂缝比例。

如图 3-64 所示，从左到右依次为支撑剂柱直径为 1m、3m、5m 时岩板接触应力云图（支撑剂柱高度 5mm）。利用图形分析软件，可以计算出各支撑剂柱直径下有效支撑裂缝所占比例：1m 为 76.02%，3m 为 71.76%，5m 为 70.26%。图 3-65 说明支撑剂柱高度不变的情况下，随着支撑剂柱直径的增加，裂缝的有效支撑比例缩小。

（2）不同地应力、弹性模量下支撑剂柱直径对有效支撑裂缝的影响。

地应力为 40MPa、50MPa、60MPa，弹性模量为 25GPa、30GPa、35GPa、40GPa 下，支撑剂柱直径对有效支撑裂缝的影响如图 3-66 至图 3-68 所示。

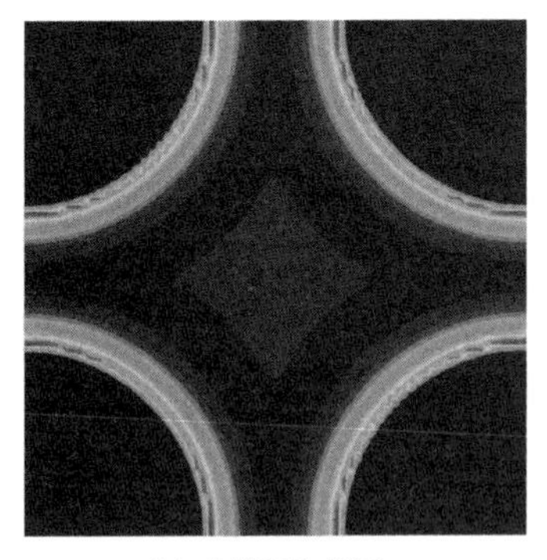

(a) 支撑剂柱直径1m

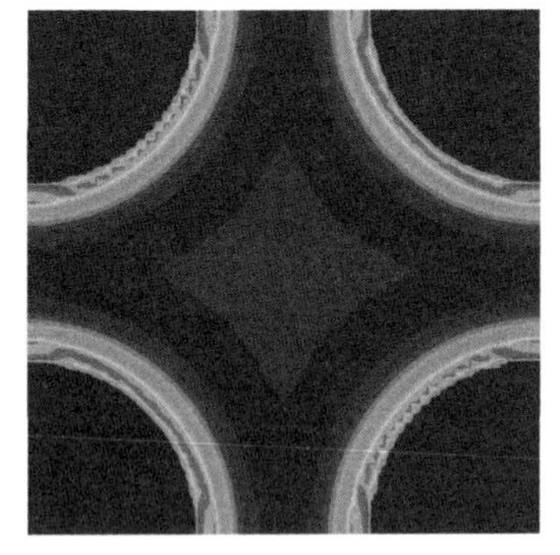

(b) 支撑剂柱直径3m

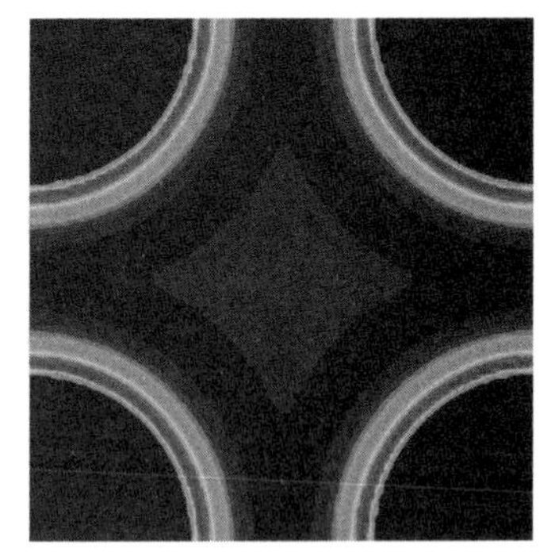

(c) 支撑剂柱直径5m

图 3-64 不同支撑剂柱直径下岩板接触应力云图

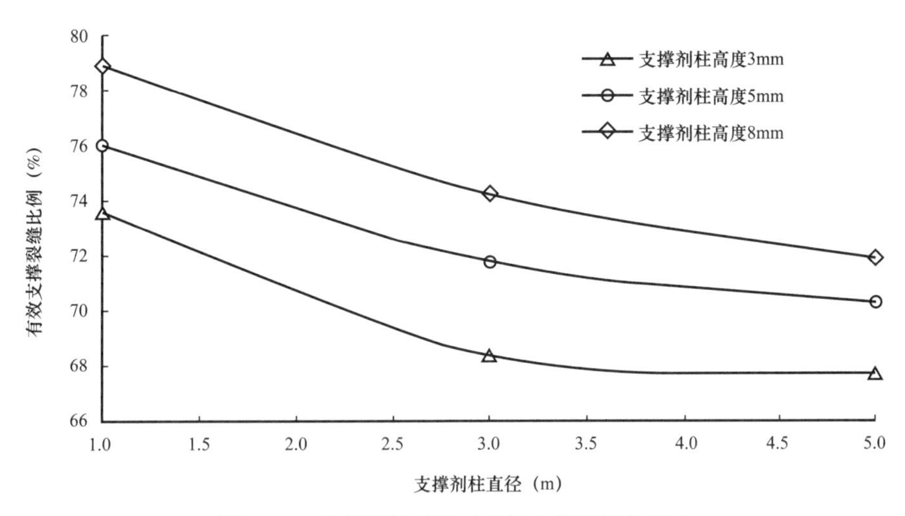

图 3-65 支撑剂柱直径对有效支撑裂缝的影响

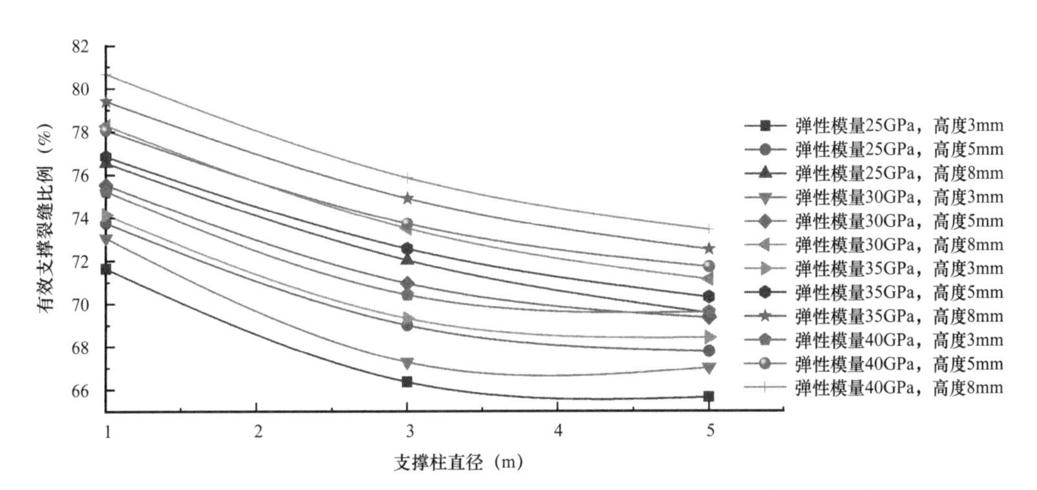

图 3-66 支撑剂柱直径对有效支撑裂缝比例的影响（地应力 40MPa）

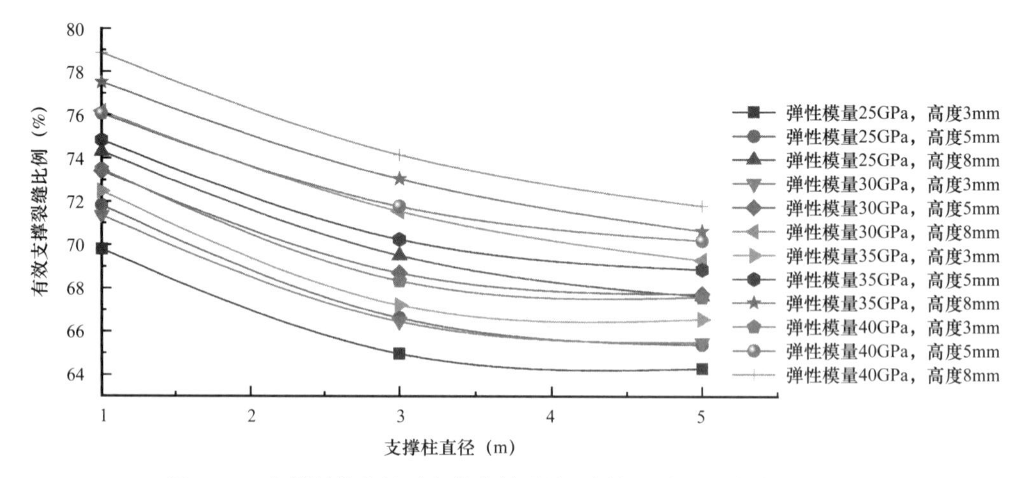

图 3-67　支撑剂柱直径对有效支撑裂缝比例的影响（地应力 50MPa）

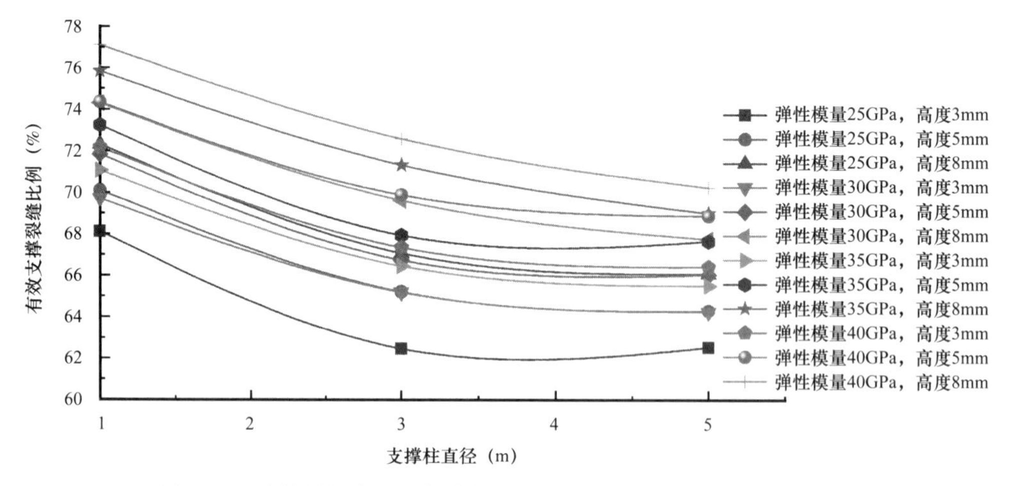

图 3-68　支撑剂柱直径对有效支撑裂缝比例的影响（地应力 60MPa）

根据以上模拟结果可看出，有效支撑裂缝比例随支撑剂柱直径的增大而减小，且这种减小趋势不受支撑剂柱高度的影响。

3.3.4 支撑剂柱的高度对裂缝闭合变形和稳定性的影响

在支撑剂柱直径为 5m 的情况下，设定地应力为 50MPa，储层弹性模量为 40GPa，探究支撑剂柱高度对裂缝闭合变形和稳定性的影响。

（1）有效支撑裂缝比例。

如图 3-69 所示，从左到右依次为支撑剂柱高度为 3mm、5mm、8mm 时的岩板接触应力云图（支撑剂柱直径 5m）。利用图形分析软件，可以计算出各支撑剂柱高度下有效支撑裂缝所占比例：3mm 为 67.68%，5mm 为 70.26%，8mm 为 71.86%。图 3-70 说明支撑剂柱直径不变的情况下，随着支撑剂柱高度的增加，裂缝的有效支撑比例增加。

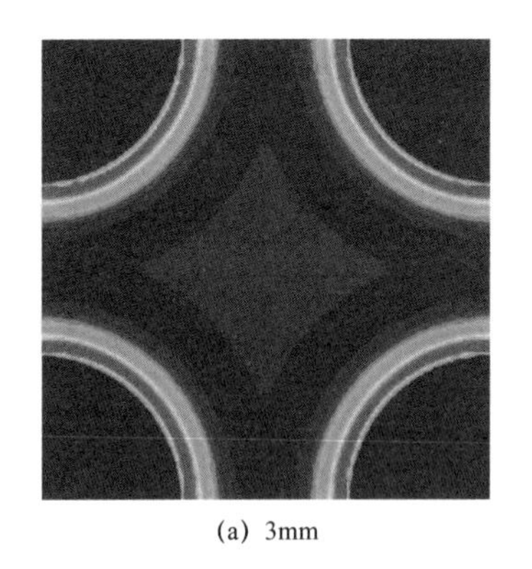

(a) 3mm

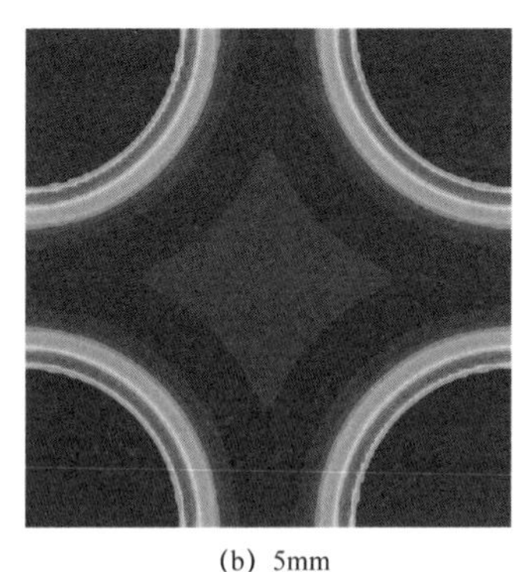

(b) 5mm

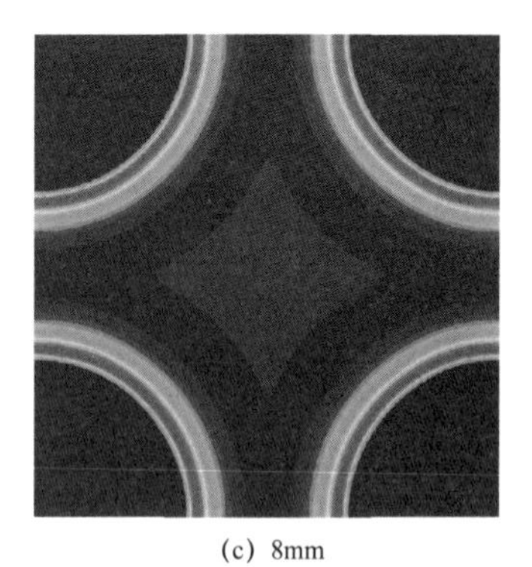

(c) 8mm

图 3-69 不同支撑剂柱高度下岩板接触应力云图

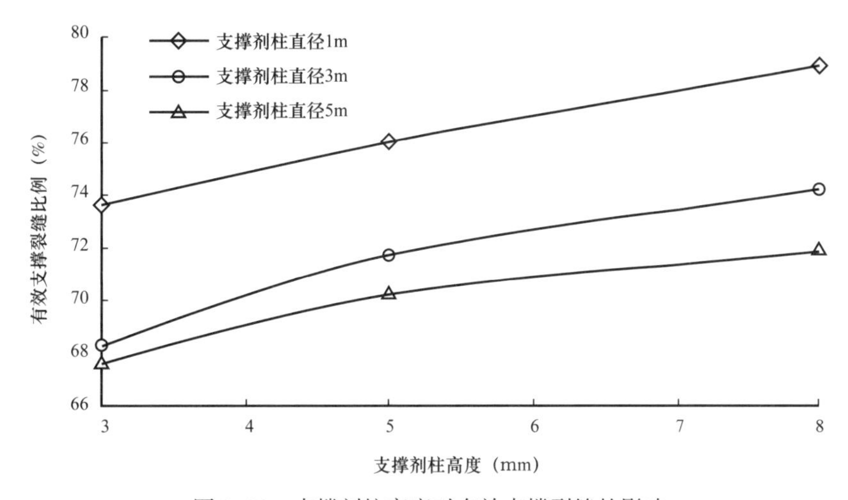

图 3-70 支撑剂柱高度对有效支撑裂缝的影响

（2）不同地应力、弹性模量下支撑剂柱高度对有效支撑裂缝的影响。

根据图 3-71 至图 3-73 模拟结果可以看出，有效支撑裂缝比例随支撑剂柱高度的增大而增大，且这种增大趋势不受支撑剂柱直径的影响。

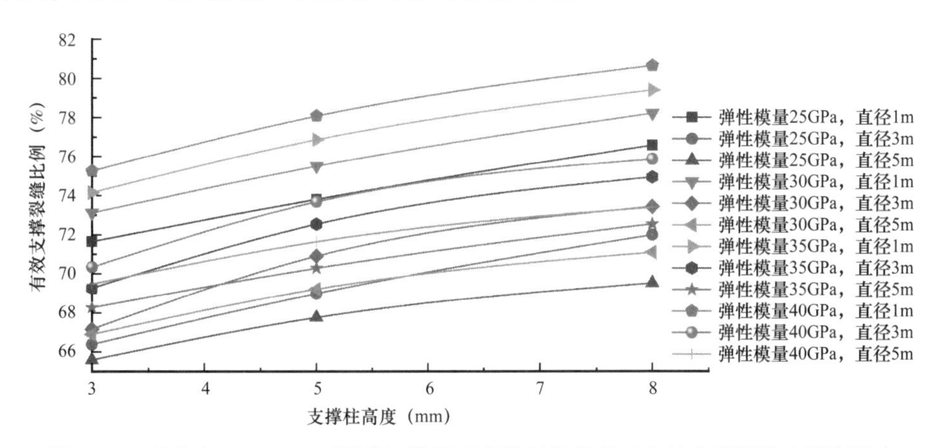

图 3-71 地应力 40MPa、不同弹性模量下支撑剂柱高度对有效支撑裂缝比例的影响

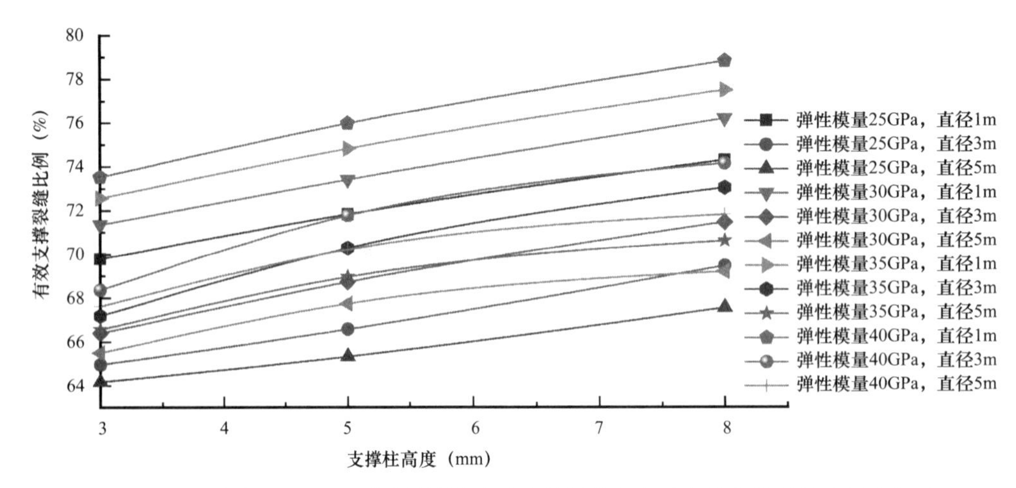

图 3-72　地应力 50MPa、不同弹性模量下支撑剂柱高度对有效支撑裂缝比例的影响

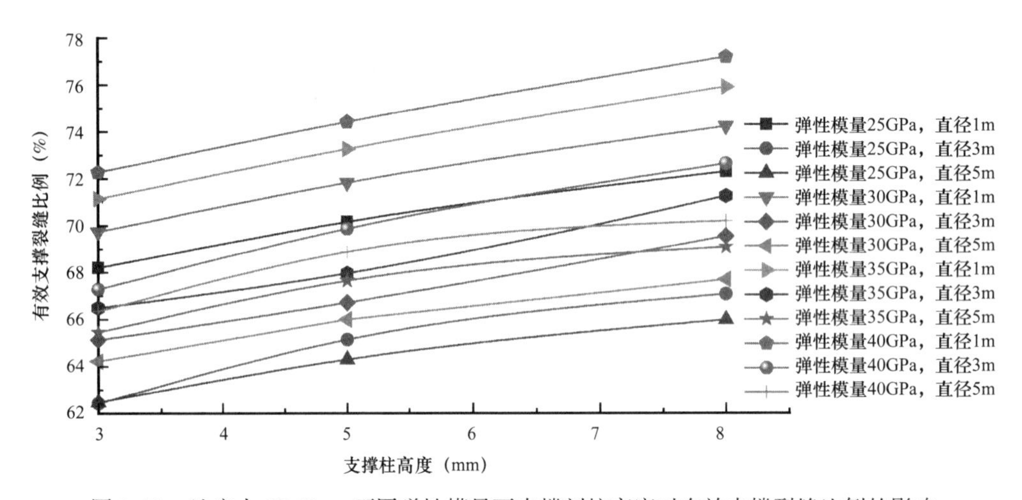

图 3-73　地应力 60MPa、不同弹性模量下支撑剂柱高度对有效支撑裂缝比例的影响

3.3.5　适应于目标储层的高导流通道压裂地质条件

从图 3-74 中可以得出以下结论：

（1）随着储层弹性模量与地应力之比的增大，有效支撑裂缝比例增加；

（2）支撑剂柱直径（支撑剂柱间距）不大于 3m 时，有效支撑裂缝比例显著增加；

（3）各因素对有效支撑裂缝的影响程度为：地应力＞支撑剂柱间距＞弹性模量＞支撑剂柱高度。

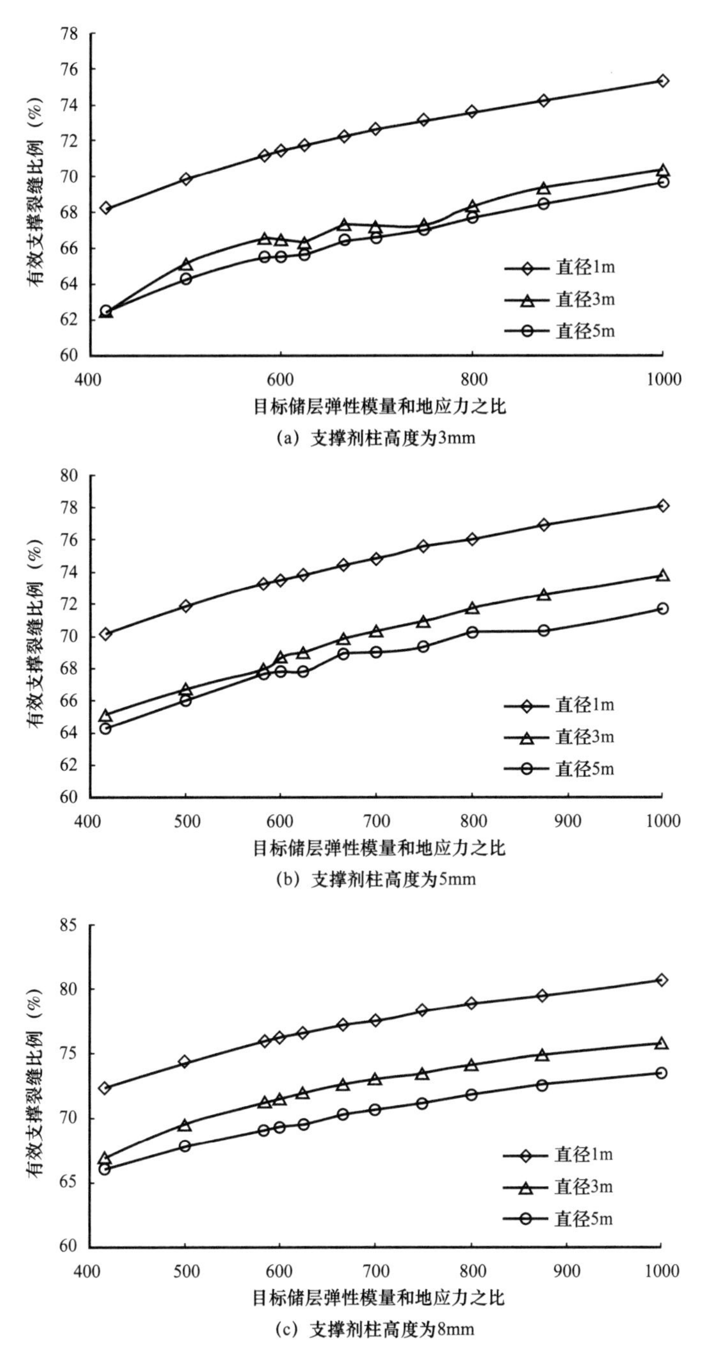

图 3-74　储层弹性模量与地应力的比值对有效支撑裂缝的影响

3.4　本章小结

本章通过高速通道压裂支撑剂柱稳定性室内实验得出了支撑剂柱的非线性本构模型，

从而建立了高导流通道压裂裂缝—支撑剂柱互作用的有限元模型，并研究了原地应力、储层岩石弹性参数、支撑剂柱的空间分布特征等对高导流压裂通道的闭合变形和支撑剂柱的稳定性的影响规律。主要得到以下结论。

（1）支撑剂颗粒在低压段孔隙空间较大，随着压力的增大，颗粒被挤压并紧密排列，支撑剂柱的轴向和径向变形在加载初期迅速增大，在高应力下应变变化缓慢。

（2）地应力越大，岩板所受到的接触应力增大，支撑剂柱高度降低，直径增大，更容易发生变形和破碎，而有效支撑比例随地应力增加而减小。

（3）在地应力不变的情况下，随着储层弹性模量的增大，两岩板轴向相对位移逐渐减小，裂缝的有效支撑比例增大，储层弹性模量对支撑剂柱稳定性影响较小。

（4）裂缝的有效支撑比例随着支撑剂柱直径的增加而缩小，随着支撑剂柱高度的增加而增加，随着储层弹性模量与地应力之比的增大而增加。支撑剂柱直径（支撑剂柱间距）不大于 3m 时，有效支撑裂缝比例显著增加。

（5）各因素对有效支撑裂缝的影响程度为：地应力＞支撑剂柱间距＞弹性模量＞支撑剂柱高度。

4 簇式支撑裂缝导流能力预测的 LBM-CFD 耦合模型

本章在 3.1 节中建立的通道压裂支撑剂柱非线性变形本构模型的基础上，考虑支撑剂柱与裂缝面的非线性变形和支撑剂柱嵌入量，建立出通道压裂裂缝宽度计算模型。然后采用 REV 尺度 LBM（Lattice Boltzmann Method）耦合通道裂缝宽度计算模型，预测通道压裂裂缝的导流能力，揭示了簇式支撑裂缝导流能力的影响机理。

4.1 裂缝宽度和导流能力理论模型

4.1.1 裂缝宽度模型

本研究假设支撑剂柱为分布在裂缝四个角上的 1/4 柱体，支撑剂柱的柱面与地层接触，从而支撑裂缝，如图 4-1（a）所示。值得一提的是，由于支撑剂柱为含有孔隙的固体，因此假设支撑剂柱的几何模型为在一定半径内含有无数支撑剂颗粒的随机排列堆叠的圆柱固体，这确保了通道压裂中存在支撑剂柱低速渗流区域和裂缝通道高速渗流区域，如图 4-1（b）所示。

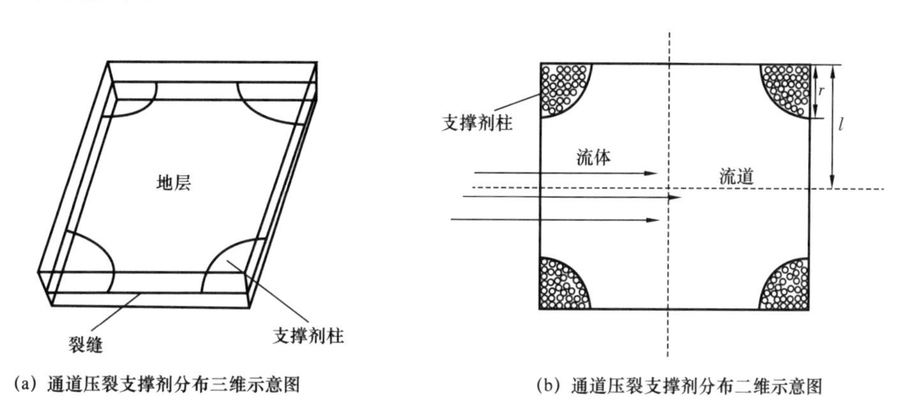

(a) 通道压裂支撑剂分布三维示意图　　(b) 通道压裂支撑剂分布二维示意图

图 4-1　裂缝中的支撑剂柱分布示意图

根据 3.1 节，在地层闭合应力的作用下，支撑剂柱和地层会发生非线性变形，且支撑剂柱会随着地层的挤压导致两者之间相互嵌入。Zhu 等[46]基于弹性半空间理论[47]，研究了支撑柱嵌入和裂缝面非线性变形对通道裂缝宽度的影响，推导了通道裂缝的非线性裂缝宽度模型（图 4-2）。

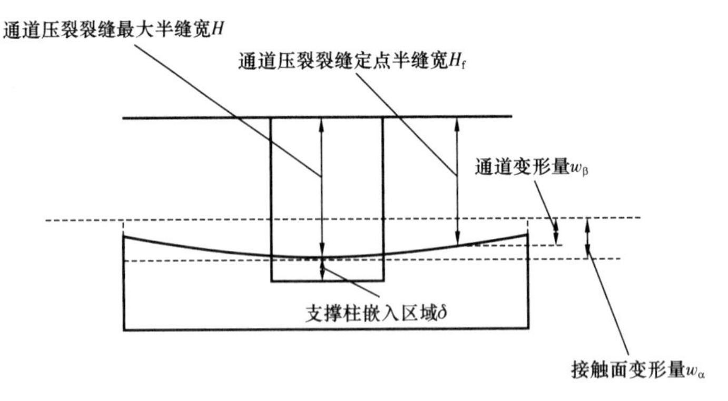

图 4-2　通道压裂裂缝缝宽计算示意图

载荷区内的沉降：

$$w_\alpha = \frac{1.3\left(1-\mu^2\right)qa}{E} \tag{4-1}$$

式中　w_α——支撑剂柱荷载区的沉降位移，mm；

a——支撑剂柱半径，mm；

E——地层的杨氏模量，MPa；

μ——泊松比；

q——闭合应力，MPa。

载荷区外的沉降：

$$w_\beta = \sum_{i=1}^{4}\frac{\left(1-\mu^2\right)qr_i}{3E}\left[1+4\sqrt{1-\frac{a^2}{2r_i^2}}+\sqrt{1-\frac{a^2}{r_i^2}}-\left(1-\frac{a^2}{r_i^2}\right)\left(1+\frac{4}{\sqrt{1-\frac{a^2}{2r_i^2}}}+\frac{1}{\sqrt{1-\frac{a^2}{r_i^2}}}\right)\right] \tag{4-2}$$

式中　w_β——支撑剂柱在荷载区外的沉降位移，mm；

r_i——荷载区外点的位移，mm。

支撑剂柱的嵌入量：

$$\delta = \frac{2\left(\frac{3}{8}pK_1^{\,2}D_1^3\right)^{\frac{2}{3}}}{D_1}\left[\left(\frac{1-v_{\mathrm{pr}}^2}{E_{\mathrm{pr}}}+\frac{1-v_{\mathrm{r}}^2}{E_{\mathrm{r}}}\right)^{\frac{2}{3}}-\left(\frac{1-v_{\mathrm{pr}}^2}{E_{\mathrm{pr}}}\right)^{\frac{2}{3}}\right] \tag{4-3}$$

式中　δ——支撑剂柱的嵌入量，mm；

p—— 所施加的外力，N；
v_r—— 岩石泊松比；
D_1——支撑剂的直径，mm；
K_1——距离系数；
v_{pr}——支撑剂的泊松比；
E_{pr}——支撑剂的弹性模量，GPa。

载荷区外任意点的裂缝宽度可通过公式（4-4）计算：

$$H_B = h - \Delta H - (2w_\alpha - 2w_\beta) - \delta \quad (4-4)$$

式中 H_B——裂缝宽度，mm；
h——支撑剂柱的初始高度，mm；
ΔH——支撑剂柱的高度降低值，mm。

4.1.2 通道压裂导流能力流固耦合模型

格子玻尔兹曼方法是基于连续玻尔兹曼方程，通过求解离散分布函数得到宏观流动信息。由于 LBM 的理论基础适用于中尺度动力学（宏观与微观之间）的研究，使得 LBM 非常适合于中尺度流动机理的研究[48]。由于 LBM 的微观特性，与基于宏观连续介质力学的计算流体力学（CFD）和分子动力学（MD）方法相比，LBM 适合于多尺度计算，在多物理场和多组分多相流领域具有很大的优势。在离散连续的玻尔兹曼方程过程中，得到了不同的 LBM 模型，其中广泛使用的是单松弛模型（LBGK 模型）和多松弛模型（MRT 模型）。本章采用 LBGK-D2Q9 模型[49]对通道压裂流场进行了数值模拟，如图 4-3 所示。

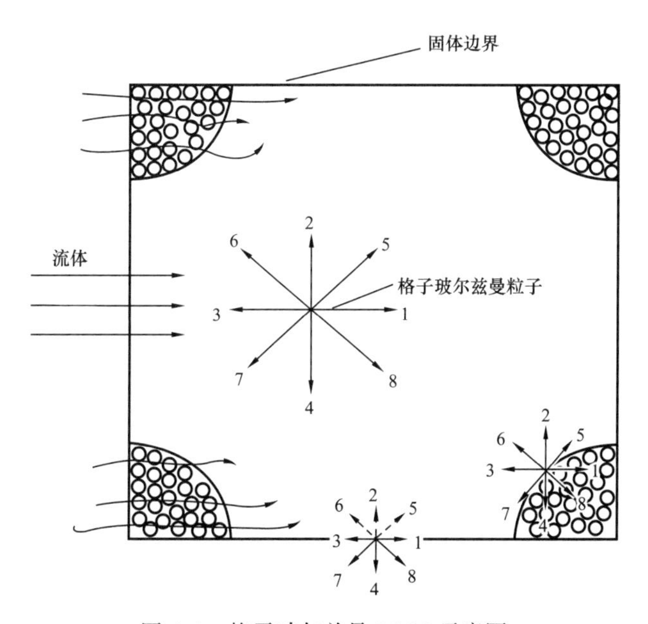

图 4-3 格子玻尔兹曼 D2Q9 示意图

在通道区域，通道上下两侧与标准格子玻尔兹曼具有相同的标准弹跳边界，支撑剂柱渗流区域采用半回弹边界条件。这可保证离散的流体单元在与支撑剂柱的固体单元碰撞时能够反弹，同时也可保证流体能够有规律地流过支撑剂柱的渗流区域。对整个流场的网格进行细致划分，每个格子的步长为0.01，共455000格子。采用随机函数对支撑剂柱的圆弧区域进行随机等分布，保证支撑剂柱在通道压裂过程中孔隙的存在。将整个流场划分为渗流区和压裂通道区，使整个模型能更加真实地模拟裂缝在通道内的分布情况，如图4-4所示。

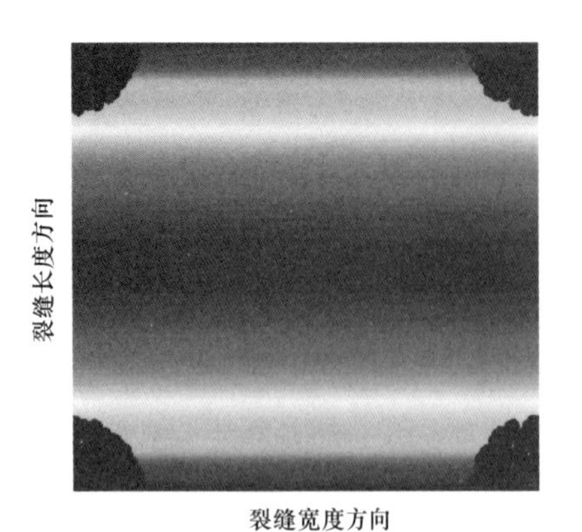

图4-4　二维通道裂缝流速仿真

$$f_i\left(x+e_i\delta_t,t+\delta_t\right)-f_i(x,t)=\Omega\left(f\right) \tag{4-5}$$

$$\Omega\left(f\right)=\frac{1}{\tau_0}\left(f^{\mathrm{eq}}-f\right) \tag{4-6}$$

$$f_\alpha^{\mathrm{eq}}=\omega_i\rho\left[1+\frac{\left(\xi_\alpha\cdot u\right)}{c_{\mathrm{s}}^2}+\frac{\left(\xi_\alpha\cdot u\right)^2}{2c_{\mathrm{s}}^4}-\frac{u^2}{2c_{\mathrm{s}}^2}\right] \tag{4-7}$$

式中　Ω（f）——碰撞算符；

τ_0——弛豫时间，s；

f^{eq}——LBGK的局部平衡函数；

w_i——权重系数；

e——宏观流体密度，g/cm^3；

c_{s}——晶格速度；

u——流体流动速度；

ξ_α——离散速度。

宏观边界条件如下。

流体的宏观密度：

$$\rho=\sum_i f_i \tag{4-8}$$

式中　f_i——分布函数。

流体的宏观速度：

$$u = \frac{1}{\rho}\sum_i f_i e_i \tag{4-9}$$

式中 e_i——方向密度函数。

流体的宏观压强：

$$\nabla p = \rho C_s^2 \tag{4-10}$$

同时，根据达西定律，流体通过通道的渗透率可以表示为：

$$K = \frac{Q\mu L}{A\Delta p} \tag{4-11}$$

式中 Q——流量，cm^3/s；

μ——流体黏度，mPa·s；

L——路径长度，cm；

A——过流面积，cm^2。

通道内流体的流动可表示为：

$$Q = A \cdot \bar{u} \tag{4-12}$$

式中 $\bar{u}$——流体均值，cm/s。

因此，流体的渗透率 K 可以简化为：

$$K = \frac{\bar{u}\mu L}{\Delta p} \tag{4-13}$$

在通道压裂裂缝宽度计算模型的基础上，结合格子玻尔兹曼法计算的渗透率，通过流固耦合可得到通道压裂导流能力预测模型：

$$F = K \cdot H_B = \frac{\bar{u}\mu L}{\Delta p} \cdot H_B \tag{4-14}$$

4.1.3 模型验证

4.1.3.1 实验验证

本节采用实验手段测试不同闭合应力下裂缝的导流能力，并与通道压裂裂缝导流能力预测模型的模拟结果进行对比，以检验模型的可靠性。实验设备采用自助研发的裂缝导流能力测试系统，并以 API RP 61（1989）作为实验标准。

实验选用 40/70 目石英砂支撑剂制备支撑剂柱，支撑剂柱的高度为 10mm，直径为 10mm。实验用岩样由取自胜利油田的井下岩心制作而成，岩板长度为 0.14m，宽度为 0.05m。岩样的弹性模量为 28.6～40.9GPa，泊松比为 0.19～0.28，抗压强度为 220.7～330.2MPa。具体的样品参数见表 4-1。

表 4-1 导流能力实验样品参数

参数	取值
支撑剂柱高度（mm）	10
支撑剂柱直径（mm）	10
岩板长度（m）	0.14
岩板宽度（m）	0.05
杨氏模量（GPa）	30
泊松比	0.28
闭合应力（MPa）	0.5～50

在导流室两侧布置6个支撑剂柱，同侧支撑剂柱的距离为40mm，两侧间隔为70mm。在实验过程中，实时记录数据；在实验结束后，选取闭合应力在10～50MPa的实验数据进行处理分析。实验结果如图4-5所示。

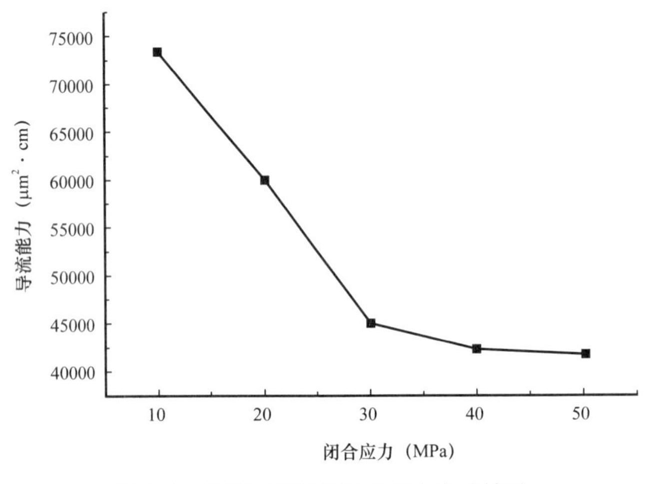

图 4-5 通道压裂裂缝导流能力实验结果

由图4-5可知，闭合应力在0～30MPa范围内时，闭合应力较低，支撑剂孔隙空间较大，支撑剂柱可有效支撑岩板，裂缝导流能力较高，与预期假设一致。随着闭合应力的进一步增大，支撑剂柱变形加剧，支撑剂柱逐渐嵌入岩板，导致导流能力非线性下降。当闭合应力达到50MPa时，支撑剂柱彻底丧失支撑作用，整个导流室内充满支撑剂，流动通道消失。在这种情况下，支撑剂柱的导流能力与常规压裂的导流能力基本相同。

4.1.3.2 经典模型验证

在实验验证的基础上，本节利用其他较经典的理论模型对4.1.2节中建立的裂缝导流能力预测模型进一步验证。其中立方定律的具体表达式如下：

$$Q = \frac{w^3}{12\mu} \times \frac{\Delta p}{L} \tag{4-15}$$

式中　Q——流量，m^3/s；

w——裂缝宽度，m；

μ——运动黏度，m^2/s。

立方定律认为，在由两块光滑的平板组成的裂缝中，裂缝流量 Q 与裂缝宽度 w 的三次幂成正比。立方定律和达西定律都是由黏性力控制的方程，将两者相结合，可以得到层流条件下裂缝的等效渗透率：

$$K_c = \frac{w^2}{12} \tag{4-16}$$

式中　K_c——等效渗透率，D。

式（4-16）是光滑平板间裂缝的等效渗透率表达式，裂缝的渗透率与裂缝宽度的平方成正比。通过计算等效渗透率与裂缝宽度的乘积，可以计算出光滑平板间裂缝的导流能力：

$$F_c = K_c \cdot w \tag{4-17}$$

将 4 个理论模型的模拟结果与 10～50MPa 下的实验结果进行对比，对比结果如图 4-6 所示。从图 4-6 中主要可以得到以下结论：

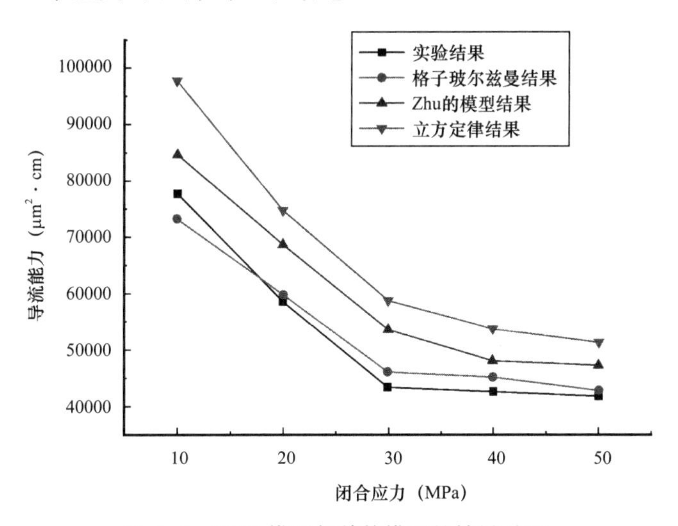

图 4-6　LBM 模型与其他模型的结果对比

（1）立方定律得到的裂缝导流能力明显大于另外两种理论模型的结果，这是因为立方定律中的光滑平板没有考虑裂缝面的非线性变形、支撑剂嵌入及其他一系列影响裂缝导流能力的因素；

（2）本书中模型的计算结果与 Zhu 模型[46]的计算结果比较接近。但 Zhu 的模型没有使用 LBM-CFD 方法来模拟整个流动通道的流场，并不能准确反映压裂导流能力的变化。

（3）本书中模型的计算结果与实验结果吻合较好，表明 LBM–CFD 方法计算耦合通道的裂缝导流能力具有较高的精度。

4.2 参数优化模拟结果及适应性分析

本节在 MATLAB 软件中建立步长为 0.01 的网格，利用二维和三维模型探究地层闭合应力、杨氏模量和支撑剂柱间距对裂缝宽度的影响，如图 4–7 所示。

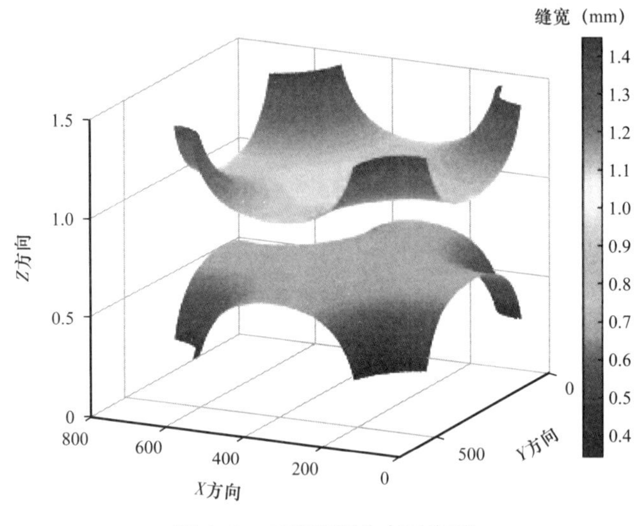

图 4–7　三维缝宽分布示意图

4.2.1 储层及施工参数对裂缝宽度的影响

本节利用数值模拟手段，研究储层闭合应力、杨氏模量和支撑剂柱间距对高导流通道压裂裂缝宽度的影响。

4.2.1.1 储层闭合应力对缝宽的影响

本节中设置柱间距为 3m，杨氏模量为 25GPa、30GPa，分别研究 20MPa、30MPa、40MPa、50MPa 闭合应力条件下的裂缝宽度变化。图 4–8、图 4–9、图 4–10 为不同闭合应力下裂缝宽度分布和裂缝体积的变化情况。

从图 4–8 至图 4–10 可以看出，缝宽随着闭合应力的增加，表现出非线性下降的规律，其中，在闭合应力为 0～30MPa 时，变化较为明显，随着闭合应力逐渐增加，裂缝宽度降低速率逐渐变缓，原因在于支撑剂柱的非线性变形，在高压下，支撑剂柱孔隙空间较为紧密，应变速率相较于低压情况有所降低，从而使得在高压（30～50MPa）下，裂缝宽度下降速率有所降低。

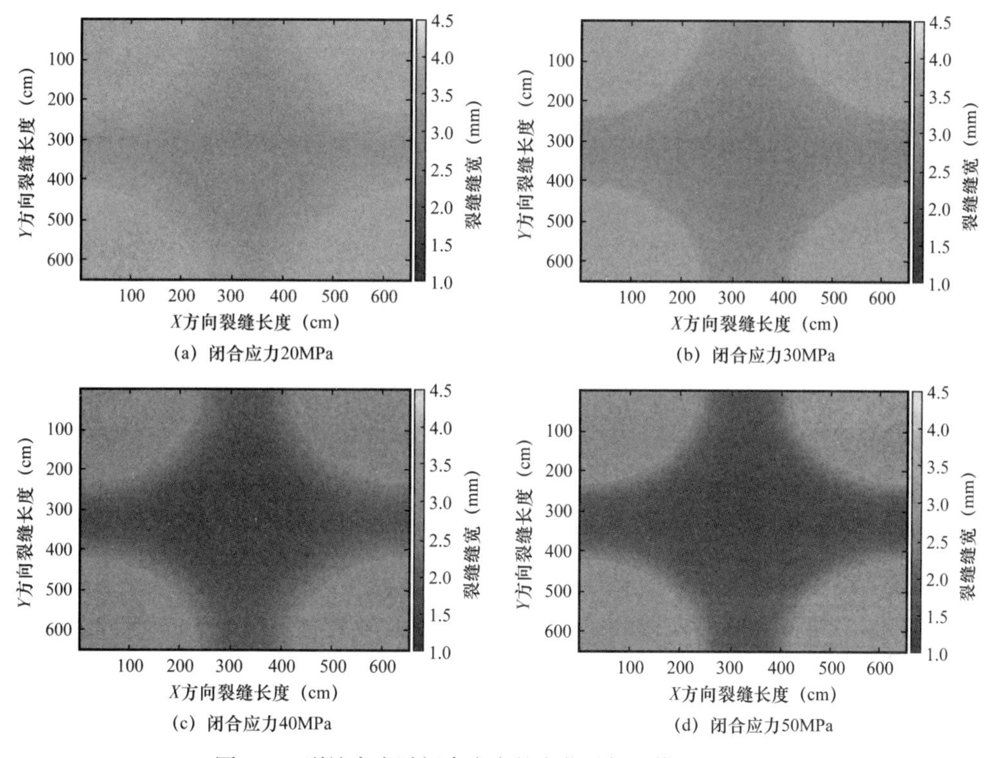

(a) 闭合应力20MPa

(b) 闭合应力30MPa

(c) 闭合应力40MPa

(d) 闭合应力50MPa

图 4-8 裂缝宽度随闭合应力的变化（杨氏模量 25GPa）

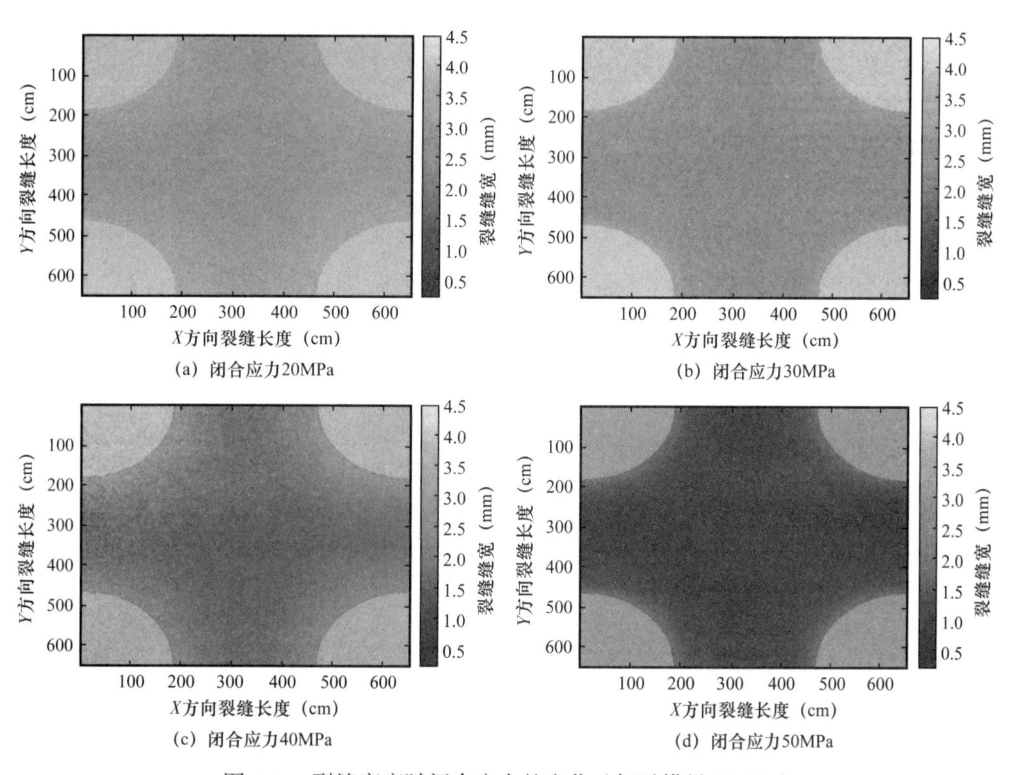

(a) 闭合应力20MPa

(b) 闭合应力30MPa

(c) 闭合应力40MPa

(d) 闭合应力50MPa

图 4-9 裂缝宽度随闭合应力的变化（杨氏模量 30GPa）

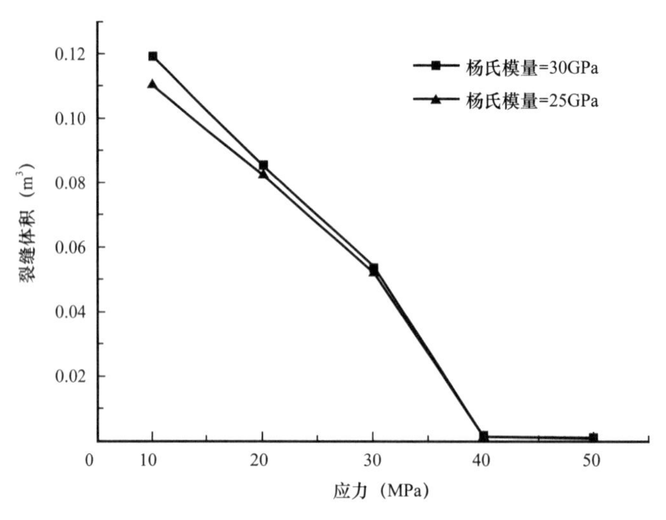

图 4-10　裂缝体积随闭合应力的变化

由于支撑剂柱以非连续分布的方式支撑裂缝，相比地层杨氏模量为 25GPa 时，地层杨氏模量为 30GPa 的裂缝宽度变化较为明显，同时可以从数值模拟结果得出，在支撑剂有效支撑裂缝的情况下，裂缝与支撑剂柱接触区域内，裂缝宽度较高，而在非接触的通道区域，缝宽沿着支撑剂柱向中心径向降低，从而引起了裂缝的非均匀缝宽分布。

4.2.1.2　杨氏模量对缝宽的影响

本节中设置柱间距为 3m，闭合应力为 35MPa、50MPa，泊松比为 0.28，分别研究 20GPa、25GPa、30GPa、35GPa 杨氏模量条件下的裂缝宽度变化。图 4-11 至图 4-13 为不同杨氏模量下裂缝宽度分布和裂缝体积的变化情况。

从图 4-11 和图 4-12 可以看出，当闭合应力一定时，缝宽随着杨氏模量的增大而增大。同时，与闭合应力为 35MPa 下的结果相比，闭合应力为 50MPa 下的裂缝缝宽和体积的变化范围较大。这是因为杨氏模量越大，岩石抵抗变形的能力越强，这将限制支撑剂的变形和与地层的相互嵌入。

同时，从图 4-13 可以看出，随着杨氏模量的降低，两种闭合应力条件下的裂缝体积下降速率逐渐接近。这说明在低杨氏模量的高压地层，支撑剂的有效支撑容易失效，导致裂缝无法保持较为理想的宽度。

4.2.1.3　支撑剂柱间距对缝宽的影响

本节中设置杨氏模量为 30GPa，闭合应力为 50MPa，分别研究 2m、2.4m、2.5m 和 3m 支撑剂柱间距条件下的裂缝宽度变化。图 4-14 和图 4-15 为不同支撑剂柱间距下裂缝宽度分布和裂缝体积的变化情况。

从图 4-14 和图 4-15 可以看出，支撑剂柱间距在 2～2.4m 范围内时，随着支撑剂柱间距的增加，裂缝宽度表现出非线性增加的趋势；支撑剂柱间距在 2.4～3m 范围内时，随着支撑剂柱间距的增大，裂缝的宽度又逐渐降低。这说明存在一个最佳的支撑剂柱间距，使得支撑剂柱有效支撑裂缝的效果最好，同时裂缝能保持较好的开度。如果支撑剂

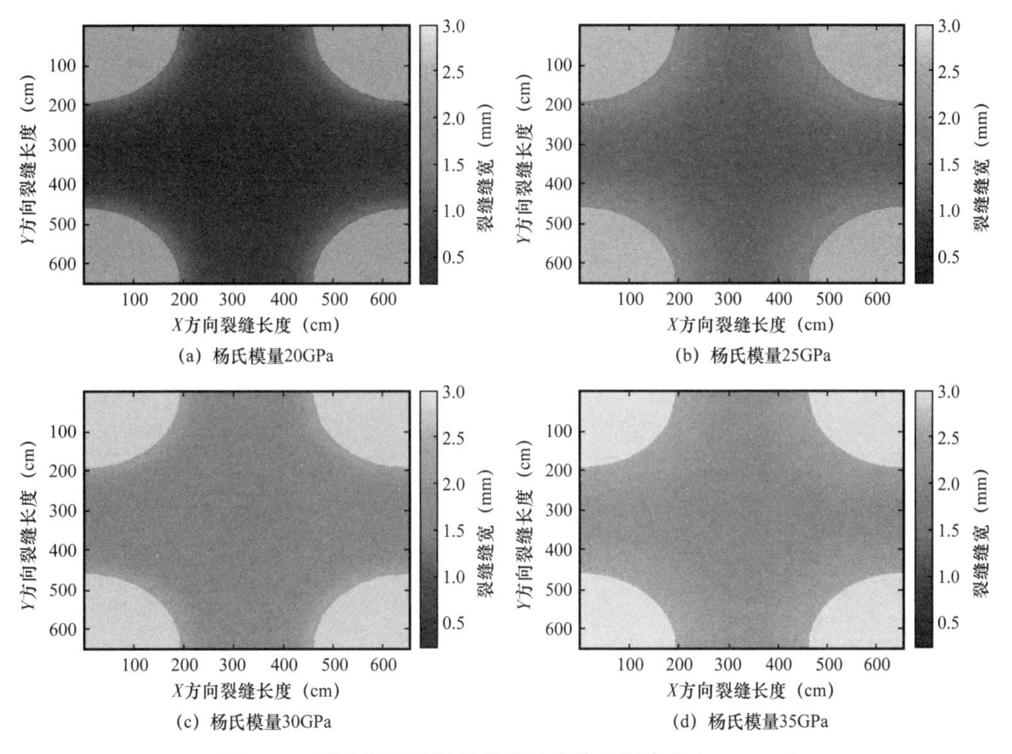

（a）杨氏模量20GPa　（b）杨氏模量25GPa

（c）杨氏模量30GPa　（d）杨氏模量35GPa

图 4-11　裂缝宽度随杨氏模量的变化（闭合应力 35MPa）

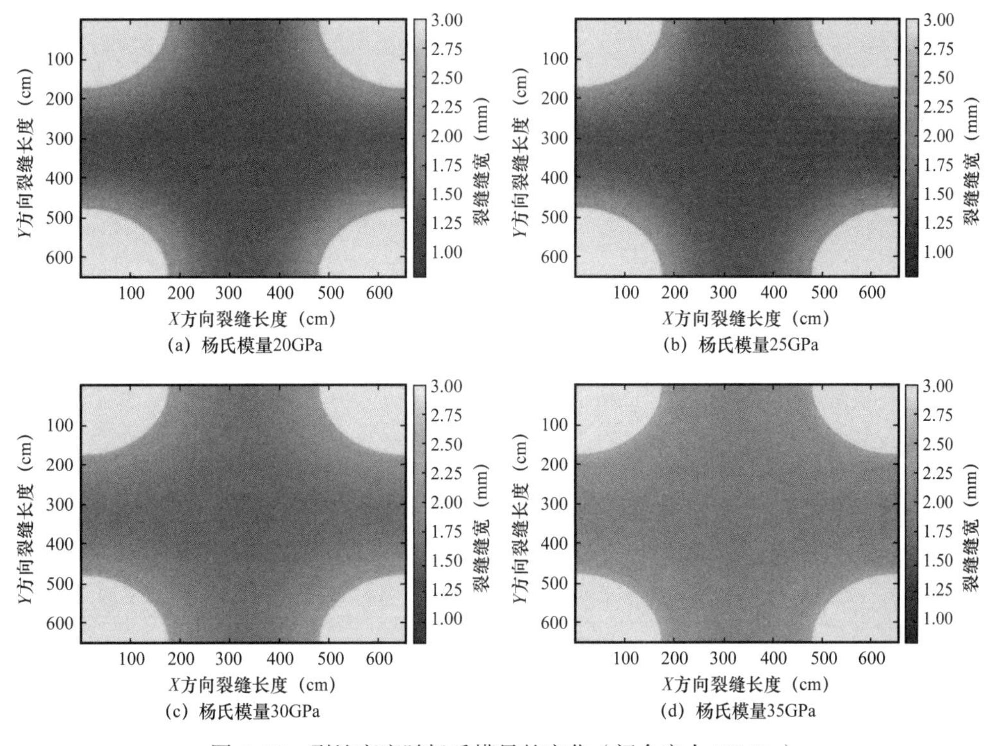

（a）杨氏模量20GPa　（b）杨氏模量25GPa

（c）杨氏模量30GPa　（d）杨氏模量35GPa

图 4-12　裂缝宽度随杨氏模量的变化（闭合应力 50MPa）

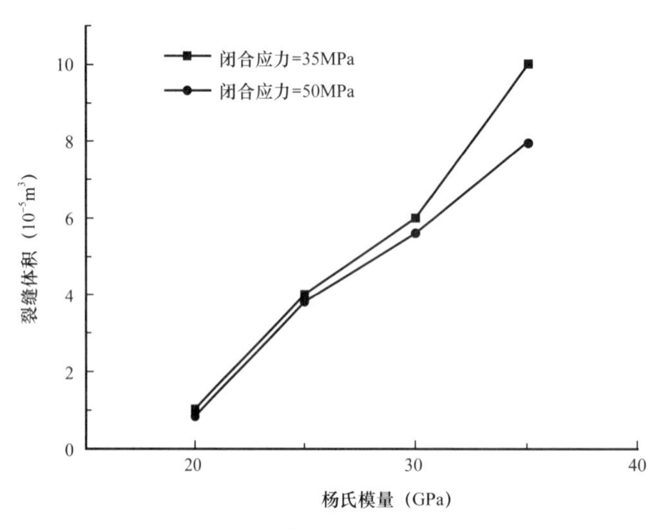

图 4-13　裂缝体积随杨氏模量的变化

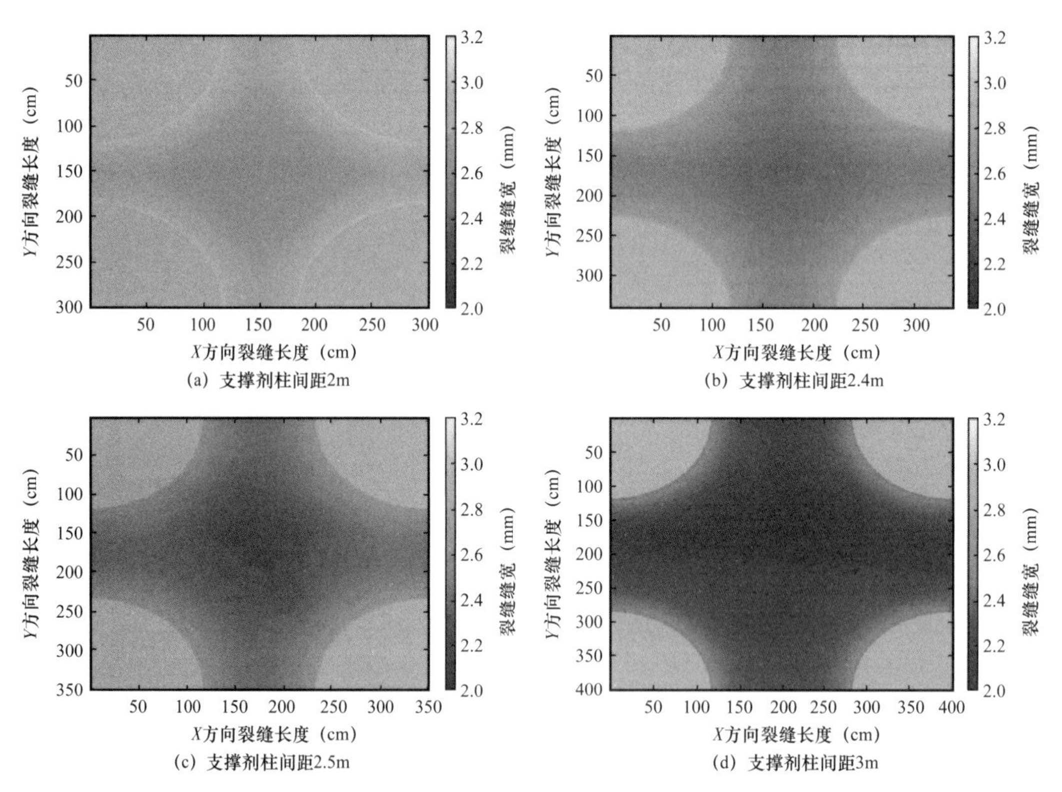

图 4-14　裂缝宽度随支撑剂柱间距的变化

柱间距过大，则不能有效支撑裂缝，考虑通道非接触区域的非均匀缝宽变化，在裂缝的通道中心区域，存在裂缝局部闭合状态。这说明在通道压裂施工过程中，可以合理地设计支撑剂柱间距，使得地层保持较好的裂缝宽度。

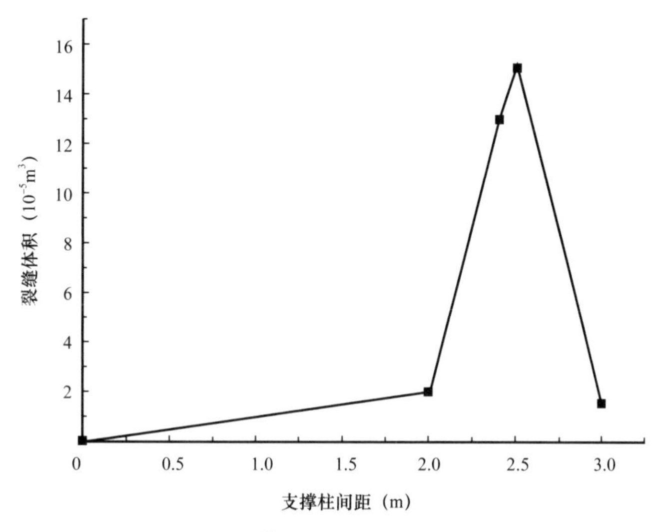

图 4-15　裂缝体积随支撑剂柱间距的变化

4.2.2　储层参数和施工参数对裂缝导流能力的影响

本节利用数值模拟手段，研究储层闭合应力、杨氏模量和支撑剂柱间距对高导流通道压裂裂缝导流能力的影响。

4.2.2.1　储层闭合应力对导流能力的影响

结合裂缝导流能力预测模型，分析闭合应力对裂缝导流能力的影响。如图 4-16 所示，导流能力随着闭合应力的增大而逐渐降低。闭合应力为 0～30MPa 范围内时，随着闭合应力的增加，缝宽急剧下降，裂缝的导流能力也急剧下降；闭合应力在 30～50MPa 范围内时，缝宽下降速率变缓，但在高闭合应力作用下，支撑剂柱逐渐在地层中被压实，使得裂缝中的支撑剂铺置范围增加，通道区域的范围逐渐减少，导致裂缝的导流能力进一步降低。

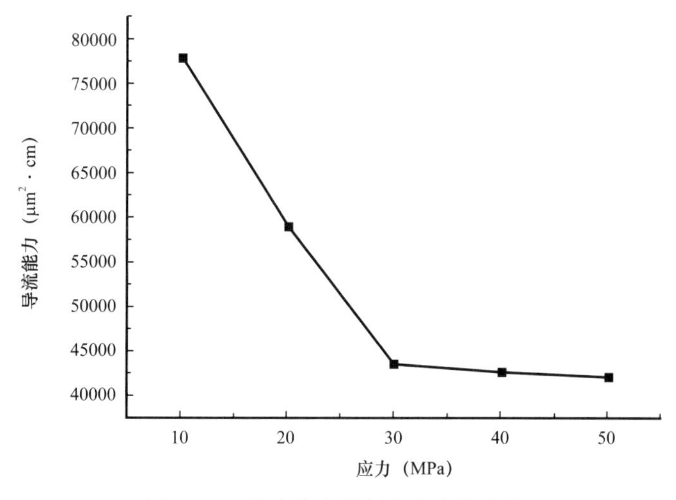

图 4-16　导流能力随闭合应力的变化

4.2.2.2 杨氏模量对导流能力的影响

如图 4–17 所示，在 50MPa 的闭合应力条件下，随着杨氏模量的增加，裂缝的导流能力逐渐增加。杨氏模量在 15～30GPa 范围内时，裂缝导流能力的增加速率较低；杨氏模量在 30～35GPa 范围内时，裂缝导流能力的增加速率变大。这是因为杨氏模量越大，岩石抵抗变形的能力越强，这将限制支撑剂柱的非线性变形。在较高的杨氏模量条件下，支撑剂柱的孔隙空间即使在高闭合应力下，仍不会被挤压紧密，这使得裂缝中能保持较好的通道导流能力区域，也使得支撑剂柱内保持较好的渗流空间区域，继而提高裂缝导流能力。

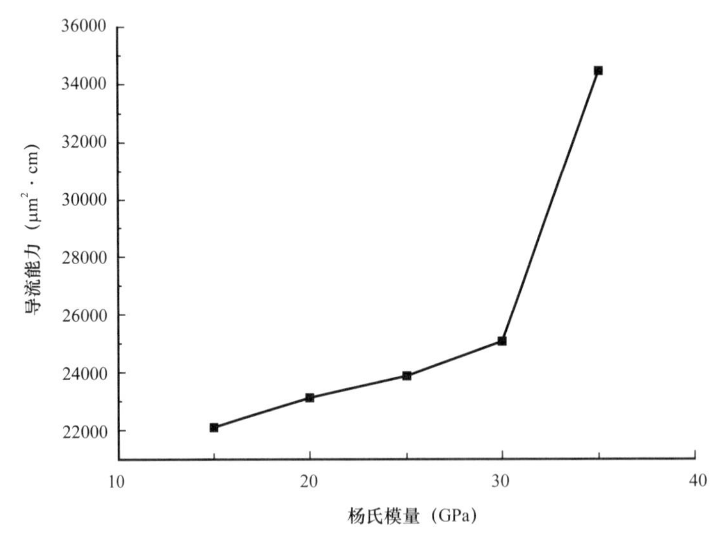

图 4–17　导流能力随杨氏模量变化

4.2.2.3 支撑剂柱间距对导流能力的影响

如前所述，如果支撑剂柱间距过小，不可能存在高导流能力的通道；如果支撑剂柱间距过大，在闭合应力作用下，裂缝可能会很快闭合。这说明存在一个最佳的支撑剂柱间距，使得裂缝具有最大的导流能力。因此，本节中设置杨氏模量为 30GPa，闭合应力为 50MPa，分别研究 1m、1.5m、2m 和 2.5m 支撑剂柱直径条件下的裂缝导流能力变化。图 4–18 为不同支撑剂柱间距和直径下裂缝导流能力的变化情况。

支撑剂柱直径一定时，随着支撑剂柱间距的增大，裂缝导流能力先增大后减小。将优化结果与 Zhu 等人[46]的优化结果进行比较，对比结果见表 4–2。

结果表明，不同直径的支撑剂柱，其通道压裂的最佳柱距比均在 0.5 左右。与 Zhu 等人的优化结果相比，相同直径的支撑剂柱，其最优间距略大。一方面，Zhu 等采用陶粒作为支撑剂进行导流能力实验，陶粒的承载能力优于石英砂，因此小支撑、小间距可以保持良好的导流能力，且最佳间距较小。另一方面，LBM-CFD 数值模拟中考虑到动态流场的影响，因此支撑剂直径与最优间距之比的范围更小，计算结果也更准确。

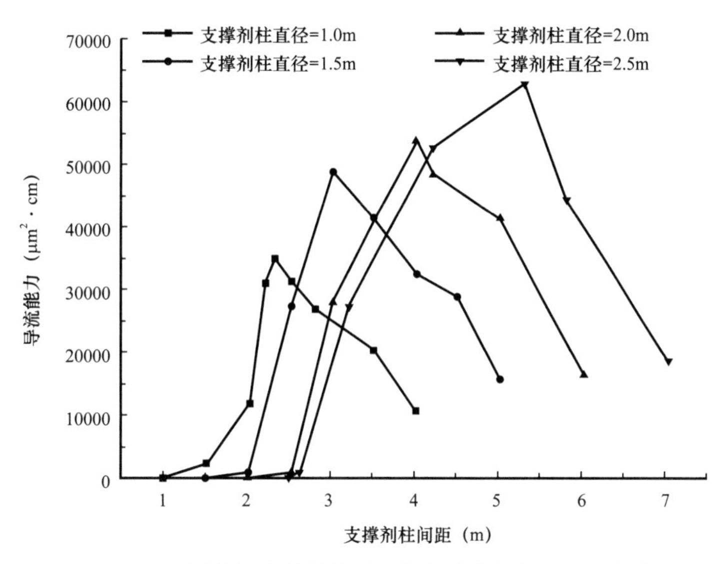

图 4-18　不同直径支撑剂柱导流能力随支撑剂柱间距变化

表 4-2　本书中模型与 Zhu 模型的结果对比

直径（m）	本书中的模型		Zhu 的模型	
	最优间距（m）	直径与最优间距之比	最优间距（m）	直径与最优间距之比
1.0	1.9～2.1	0.47～0.53	1.4～2.0	0.48～0.52
1.5	2.8～3.0	0.45～0.50	2.0～2.5	0.50～0.54
2.0	3.8～4.1	0.48～0.51	2.8～3.5	0.49～0.53
2.5	4.9～5.1	0.44～0.49	3.5～4.0	0.49～0.51

4.3 工艺参数优化分析

支撑剂柱的直径和间距是控制导流能力的两个重要因素。这两个因素对应的结构参数分别是支撑剂负载流体的脉冲时间参数和无支撑剂流体的脉冲时间。支撑剂负载流体脉冲时间与支撑剂柱半径的关系如下[15]：

$$t=\frac{\pi a^2\rho_s N\eta h}{Q\rho_c} \tag{4-18}$$

式中 t—— 脉冲时间，min；

Q——支撑剂填充液的泵送速率，m^3/min；

a——支撑剂柱半径，m；

h——支撑剂柱高度，m；

ρ_c——支撑剂填充液的密度，kg/m^3；

ρ_s——支撑剂柱的密度，kg/m^3；

N——总射孔数；

η——有效射孔比。

显然，无支撑剂流体的时间决定了支撑剂柱的距离。无支撑剂流体脉冲时间与支撑剂柱间距的计算公式如下[9]：

$$\frac{4Q't}{N\eta} = w\left(16l^2 - 4\pi r^2\right) \tag{4-19}$$

式中 Q'——无支撑剂流体的泵送速率，m^3/min；

w——裂缝宽度，m；

l——支撑剂柱间距，m；

r——支撑剂柱间距，m。

选取胜利油田 3 口通道压裂井的现场实际施工数据验证本模型优化结果的准确性。3 口井的泵注速率为 $5m^3/min$，支撑剂携砂流体密度为 $1.09g/cm^3$，无支撑剂流体密度为 $1.00g/cm^3$。射孔密度为 16 孔 /m，有效裂缝宽度为 5mm。

胜利油田 Y178 井与优化结果较为接近（表 4-3 和图 4-19）。另一通道压裂井 Y920-X9 井的生产参数与本章的优化结果有较大差异，对比两口通道压裂井 30d、90d、180d、360d 的生产结果，与优化结果接近的 Y178 井产能更大。但与常规压裂井 Y441-Y4 井相比，无论是 Y920-X9 井还是 Y178 井，通道压裂比常规压裂的产量均有较大提高，因此，通道压裂比常规压裂更有利于增产。

表 4-3 支撑剂负载流体和无支撑剂流体参数优化结果（胜利油田 Y178 井）

直径（m）	最优间距（m）	最优中顶液脉冲时间（min）	Y178 井中顶液时间（min）	最优携砂液脉冲时间（min）	Y178 井携砂液时间（min）
1.0	1.9～2.1	0.56	—	1.00～1.20	—
1.5	2.8～3.0	1.27	1.3	1.60～1.80	1.8
2.0	3.8～4.1	2.36	—	2.73～2.94	—
2.5	4.9～5.1	3.53	—	4.30～4.73	—

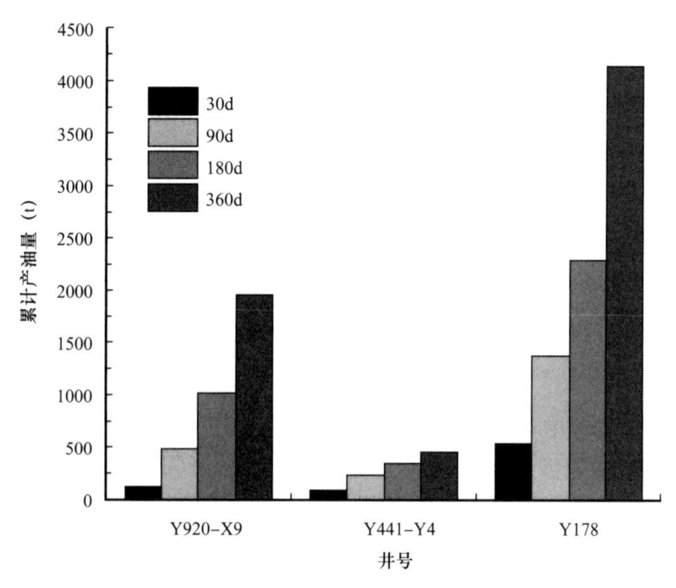

图 4-19　通道压裂井与常规铺砂压裂井累计产油量对比

4.4　本章小结

本章通过将 LBM-CFD 模拟的通道压裂非线性裂缝宽度模型与动态流场渗透率之间的流固耦合，得到更为准确的导流能力结果。主要得到以下结论。

（1）与静态数值模拟相比，LBM-CFD 模拟的动态流场的传导性更具有连续性，更接近真实的实验结果。裂缝体积和宽度、闭合应力和地层杨氏模量是影响导流能力的重要因素。

（2）本章中支撑剂柱的分布，随着闭合应力的增大，通道压裂裂缝宽度分布并不均匀，越靠近裂缝中心，裂缝宽度越小。在高闭合应力的作用下，支撑剂柱失去有效支撑裂缝的能力，支撑剂柱的坍塌将堵塞通道，通道压裂的导流能力接近常规压裂。

（3）不同直径的支撑剂柱之间存在不同的最优间距，但支撑剂柱直径与最优间距之比均接近 0.5。该规律对优化施工参数、降低施工成本、提高油气产量具有重要意义。

5 簇式支撑高导流、低伤害、低成本压裂材料体系

高导流通道压裂是一项新型的水力压裂增产技术。在该技术中，油气更多的是依靠裂缝中的簇式支撑高导流通道进行流动。这些开放的高导流通道能显著增加裂缝的导流能力，减小裂缝内的压力降，提高排液能力，增加有效裂缝半长，从而达到增产的目的。

形成簇式支撑高导流裂缝的关键在于脉冲式加砂压裂工艺及支撑剂成团成簇技术。因此，本章重点开展了纤维脉冲加砂高导流压裂工艺技术、脉冲式支撑剂自聚调控高导流压裂工艺技术等方面的研究，介绍研制的纤维加砂装置和能与地面水实时混配的速溶型低浓度瓜尔胶压裂液体系。

5.1 脉冲式纤维加砂高导流压裂工艺技术

高导流通道压裂的核心在于通道支撑剂铺置，纤维参数的研究对支撑剂的悬浮携带以及稳定性有重要意义。通过支撑剂和纤维材料协同实验，开展静态沉降、动态沉降、固砂以及稳定性测试，能够认识支撑剂柱的形成规律，对现场施工及操作有指导作用。

5.1.1 纤维材料的表面改性

对现有的维纶纤维进行表面接枝改性，制备两种表面富含亲水基团和活性基团改性维纶纤维[50, 51]。

5.1.1.1 环氧氯丙烷—二甲胺表面接枝纤维

（1）改性方法。

在现有维纶纤维基础上，进行表面接枝改性，提高纤维的分散和携砂性能。取环氧氯丙烷—二甲胺阳离子聚合物，加水配置成质量浓度为0.8%～1.2%的阳离子聚合物水溶液，加入氢氧化钠溶液调节pH值至12±0.5；加入维纶纤维，升温至70℃ ±3℃，搅拌使其浸润，保温反应40～80min（反应时密封，以防止水分蒸发），取出，用水充分冲洗以去除残留在纤维上的阳离子聚合物，烘干，即得阳离子聚合物表面接枝维纶纤维；所述阳离子聚合物水溶液与维纶纤维的用量比为：每升阳离子聚合物水溶液加入2～5g维纶纤维。

所述环氧氯丙烷—二甲胺阳离子聚合物，是由以下质量份的原料制成的：40～60份二甲胺水溶液，2～7份交联剂，30～50份环氧氯丙烷，2～5份氢氧化钠水溶液。是通过

以下方法制备得到的：将质量分数为30%～35%的二甲胺水溶液与交联剂混合，置于冰水浴（0～10℃）中，搅拌均匀，缓慢滴加环氧氯丙烷（约3h滴完）；滴加完毕后，升温至80℃ ±3℃，恒温反应1.5～2.5h；再加入质量分数为17%～23%的氢氧化钠水溶液，加入后0.5～1.0h出现爬轴现象，加入少量水抑制直至不再发生爬轴现象；加入盐酸终止反应，并用盐酸调节pH至弱酸性（pH值5～6），然后加入适量甲醇，沉淀并过滤，将过滤后的产物在50℃下真空干燥，即得环氧氯丙烷—二甲胺阳离子聚合物。所述交联剂选自乙二胺、己二胺、二乙烯三胺、三乙烯四胺。

利用上述方法制备得到的阳离子聚合物表面接枝维纶纤维，可以用于制备压裂液，可以有效增加压裂液体系的黏度，有效提高压裂液体系的携砂性能，并可有效抑制支撑剂的回流。

通过阳离子聚合物对基础纤维材料表面进行接枝及纤维表面的化学改性，可大大改善纤维的润湿性能和分散性能。分散于压裂液体系中时，可实现均匀分散，形成瓜尔胶—纤维空间网络结构，大大提高纤维压裂液体系的携砂性能，有助于提高压裂支撑裂缝的导流能力；同时纤维—支撑剂在压裂裂缝中形成稳固的砂拱，可以有效抑制支撑剂的回流，显著提升压裂改造效果。

（2）实验步骤。

① 制备环氧氯丙烷—二甲胺阳离子聚合物。

首先，将50份（质量份，下同）二甲胺水溶液（质量分数33%）与3份交联剂二乙烯三胺于250mL四口烧瓶中混合，在冰水浴（0～10℃）中搅拌均匀；再将40份环氧氯丙烷置于滴液漏斗中，缓慢滴加于烧瓶中（滴加时温度始终保持在10℃以下，滴加时间约为3.0h）；环氧氯丙烷滴加完毕后，梯度升温至80℃，恒温反应2.0h；然后加入3份氢氧化钠水溶液（质量分数20%），在加氢氧化钠水溶液后0.5～1.0h，有爬轴现象出现，加入少量水进行抑制，直到不再发生爬轴现象；最后加入盐酸终止反应，并用盐酸调至弱酸性（pH值6），然后加入适量甲醇，沉淀并过滤，将过滤后的产物在50℃下真空干燥，即得环氧氯丙烷—二甲胺阳离子聚合物。

② 制备阳离子聚合物水溶液。

取环氧氯丙烷—二甲胺阳离子聚合物，配置质量浓度为1%的阳离子聚合物水溶液，在酸度计的测量下，用氢氧化钠水溶液将阳离子聚合物水溶液的pH值调至12。

③ 阳离子聚合物接枝改性维纶纤维。

按照每升阳离子聚合物水溶液中加入2.5g维纶纤维的比例，将维纶纤维放入阳离子聚合物水溶液中，升温至70℃，一边浸泡润湿，一边搅拌，同时注意密封，防止水分的蒸发，持续反应1.0h；将改性好的维纶纤维取出，用水充分冲洗，去除残留在纤维上的改性液，之后放进烘箱里烘干，即得环氧氯丙烷—二甲胺阳离子聚合物表面接枝维纶纤维。

（3）黏度性能测试。

配制质量分数为0.5%的瓜尔胶水溶液，取100g若干份，分别加入不同量的维纶纤维或改性维纶纤维），搅拌均匀后，再加入0.05g有机硼交联剂，交联后升温至90℃，保温 12.0h，得不同凝胶样品；用 DV- Ⅲ布氏黏度计测 90℃下各凝胶样品的黏度，测试结果见表 5–1。改性维纶纤维应用于压裂液体系时，可显著增加压裂液体系的黏度，明显优于维纶纤维。

表 5–1　90℃下不同纤维加量的凝胶体系黏度（剪切速率：$7.34s^{-1}$）

纤维加量（g）	0	0.1	0.2	0.3	0.4	0.5	0.6
加维纶纤维携砂体系黏度（mPa·s）	1956	1985	2079	2212	2377	2459	2459
加改性维纶纤维携砂体系黏度（mPa·s）	1956	2004	2376	2588	2741	2964	2964

注：维纶纤维平均长度 6mm，平均直径 15μm，密度 1.28g/mL，改性维纶纤维平均长度 6mm，平均直径 15μm，密度 1.28g/mL。

（4）携砂性能测试。

配制质量分数为 0.5% 的瓜尔胶水溶液，取 100g 若干份，加入不同量的维纶纤维或改性维纶纤维，搅拌均匀后，加入 50g 陶粒砂（粒径：0.425～0.85mm），再搅匀，再加入 0.05g 有机硼交联剂，升温至 90℃，得不同的压裂携砂液样品。测定陶粒在不同压裂携砂液样品中的沉降速度。改性维纶纤维可明显降低陶粒砂的沉降速度，提高其携砂性能，明显优于维纶纤维（表 5–2）。

表 5–2　90℃下不同纤维加量下陶粒在携砂液中沉降速度

纤维加量（g）	0	0.1	0.2	0.3	0.4	0.5	0.6
陶粒在加维纶纤维体系中的沉降速度（cm/h）	9.4	8.9	8.7	7.6	6.0	5.6	5.6
陶粒在加改性维纶纤维体系中的沉降速度（cm/h）	9.4	8.4	8.0	6.8	5.3	4.9	4.9

5.1.1.2　EDTA- 环氧氯丙烷表面接枝纤维

（1）改性方法。

在现有维纶纤维基础上，进行表面接枝改性，提高纤维的分散和携砂性能。以乙二胺四乙酸四钠和环氧氯丙烷制备前体化合物乙二胺四乙酸—环氧氯丙烷，在氢氧化钠水溶液和乙醇预处理维纶纤维的基础上，以水为分散介质对维纶纤维进行接枝改性，得到压裂用接枝改性维纶纤维。

首先对维纶纤维预处理：取维纶纤维，浸泡于质量分数为 8%～12% 的氢氧化钠水溶液中，20～28h 后取出，沥干，再将其加入到 75%～85%（质量百分数）的乙醇溶液中，浸泡 4～6min，取出晾干，备用。

然后对纤维接枝改性：取前体化合物，溶解于水中，再加入上述预处理的维纶纤维，使其全部浸于液面下，升温至 80～85℃，保温反应 2.5～3.5h，取出，水洗 1～4 次，干燥，即得接枝改性维纶纤维；所述前体化合物与维纶纤维的质量比为 0.8～1.2∶0.8～1.2。

接枝改性维纶纤维分散于压裂液体系中时，能够与瓜尔胶分子产生较强的分子间结合，形成瓜尔胶—纤维网络体系，可增加压裂液体系的黏度，提高其携砂性能，有效改善近井地层的导流能力，能解决压裂液携砂过程中脱砂和污染油层问题，达到清洁压裂和油井增产的目的。

（2）实验步骤。

① 维纶纤维的预处理。

取 10g 维纶纤维，浸泡于 50g 质量分数为 10% 的氢氧化钠水溶液中，24h 后取出，沥干，将其加入到 80%（质量百分数）的乙醇溶液中，浸泡 5min，取出晾干，备用。

② 纤维的接枝改性。

取 10g 前体化合物，溶解于 40mL 蒸馏水中，再加入上述预处理的维纶纤维，使其全部浸于液面下，升温至 80～85℃，保温反应 3h，取出，水洗 3 次，干燥，即得接枝改性维纶纤维。

所述前体化合物是通过以下方法制备得到的：将 0.105mol 乙二胺四乙酸四钠溶解于 100mL 蒸馏水中，升温至 60～65℃，搅拌下缓慢滴加 0.100mol 环氧氯丙烷，在 0.5～1.0h 内滴完，于 60～65℃下搅拌反应 3h，即得。

（3）黏度性能测试。

配制质量百分数为 0.5% 的瓜尔胶水溶液，取 100g 若干份，分别加入不同量的维纶纤维或上述改性维纶纤维，搅拌均匀后，再加入 0.05g 有机硼交联剂，交联后升温至 90℃，保温 12h，得不同凝胶样品；用 DV- Ⅲ布氏黏度计测 90℃下各凝胶样品的黏度，改性维纶纤维应用于压裂液体系时，可显著增加压裂液体系的黏度，明显优于维纶纤维（表 5-3）。

表 5-3 90℃下不同纤维加量下的凝胶体系黏度（剪切速率：7.34s^{-1}）

纤维加量（g）	0	0.1	0.2	0.3	0.4	0.5	0.6
加维纶纤维携砂体系黏度（mPa·s）	2060	2095	2268	2350	2542	2673	2673
加改性维纶纤维携砂体系黏度（mPa·s）	2060	2120	2500	2894	3018	3245	3245

注：维纶纤维平均长度 6mm，平均直径 15μm，密度 1.28g/mL；改性维纶纤维平均长度 6mm，平均直径 15μm，密度 1.28g/mL。

（4）携砂性能测试。

配制质量百分数为 0.5% 的瓜尔胶水溶液，取 100g 若干份，分别加入不同量的维纶纤维或上述改性维纶纤维，搅匀后，加入 50g 陶粒砂（粒径：0.425～0.85mm）再搅匀，再加入 0.05g 有机硼交联剂，升温至 90℃，得不同压裂携砂液样品。测定陶粒砂在不同压裂携砂液样品中的沉降速度。改性维纶纤维应用于压裂液体系时，可明显降低陶粒砂的沉降速度，提高其携砂性能，明显优于维纶纤维（表 5-4）。

表 5-4　90℃下陶粒砂在不同携砂体系中的沉降速度

纤维加量（g）	0	0.1	0.2	0.3	0.4	0.5	0.6
陶粒在加维纶纤维携砂体系中的沉降速度（cm/h）	9.4	8.9	8.7	7.6	6.0	5.6	5.6
陶粒在加改性维纶纤维携砂体系中沉降速度（cm/h）	9.4	9.5	8.1	7.0	5.5	5.2	5.2

（5）破胶性能测试。

配制质量分数为 0.5% 的瓜尔胶水溶液，取 100g 若干份，分别加入 0.5g 维纶纤维或上述改性维纶纤维，搅匀，加入 0.05g 有机硼交联剂，升温至 90℃，再加入 0.05g 过硫酸铵微胶囊破胶剂，测定在不同温度下的破胶时间（破胶后体系黏度小于 10mPa·s）和纤维完全降解时间，与维纶纤维相比，加入改性维纶纤维压裂液的破胶时间不受影响，压裂液体系依然具备快速破胶的性能；改性后维纶纤维其降解性能不受影响，仍能在 60～120℃下短时间内降解（24～120h），无残渣，满足环保要求（表 5-5）。

表 5-5　破胶时间和纤维降解时间

温度（℃）	60	90	120	150
加入维纶纤维压裂液破胶时间（h）	4.5	4.0	3.0	3.0
加入改性维纶纤维压裂液破胶时间（h）	4.5	4.0	3.0	3.0
维纶纤维降解时间（h）	120	72	36	24
改性维纶纤维降解时间（h）	120	72	36	24

5.1.2　纤维尺寸优选及耐温、溶解性、分散性、悬砂性评价实验

5.1.2.1　纤维分散性实验

分别对 4 种纤维开展分散性能实验，评价其在清水及 0.5% 瓜尔胶基液中的分散性。实验统一采用 200mL 水、0.4g 纤维样品，实验温度 80℃。具体的实验结果如图 5-1、图 5-2 和表 5-6 所示。

(a) 1#纤维

(b) 2#纤维

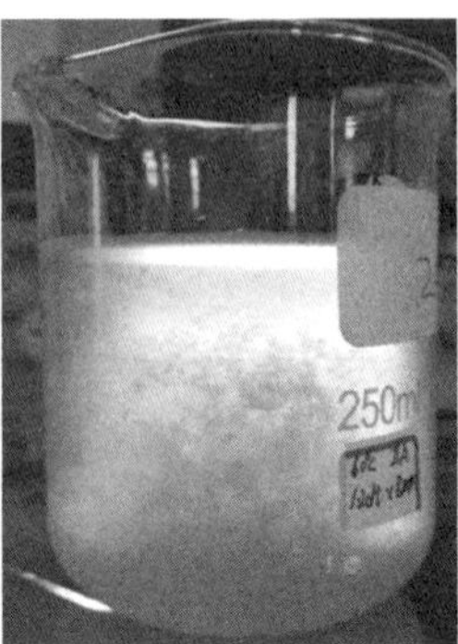

(c) 3#纤维

(d) 4#纤维

图 5-1　4 种纤维在清水中的分散性

(a) 1#纤维

(b) 2#纤维

(c) 3#纤维

(d) 4#纤维

图 5-2　4 种纤维在 0.5% 瓜尔胶基液中的分散性

表 5-6　4 种纤维的分散性实验结果

项目	1# 纤维	2# 纤维	3# 纤维	4# 纤维
颜色	白色	黄色	白色	白色
分散性（清水）	分散快且均匀；有成缕现象	分散快且均匀；成缕现象比 1# 略严重	很快溶解；呈短纤或颗粒状；位于水部下层	漂浮在水层上方；分散性较差；成团现象严重
分散性（瓜尔胶溶液）	分散快且均匀	分散快且均匀；成缕现象比在清水中减弱	很快溶解；呈短纤或颗粒状；位于水部下层	发生沉降；成团现象严重

实验结果表明，1# 和 2# 纤维在清水和瓜尔胶基液中均具有较好的分散性，其中 1# 纤维分散性最好。

5.1.2.2　纤维悬砂性能实验

分别对 4 种纤维开展悬砂性能实验，优选悬砂性能较好的纤维。纤维加量为 0.6%，瓜尔胶浓度为 0.6%，陶粒砂（密度 3.17g/cm^3）加量为 16.31g，交联剂含量为 0.5%，工作温度 80℃下净置 6h。实验结果如图 5-3 和表 5-7 所示

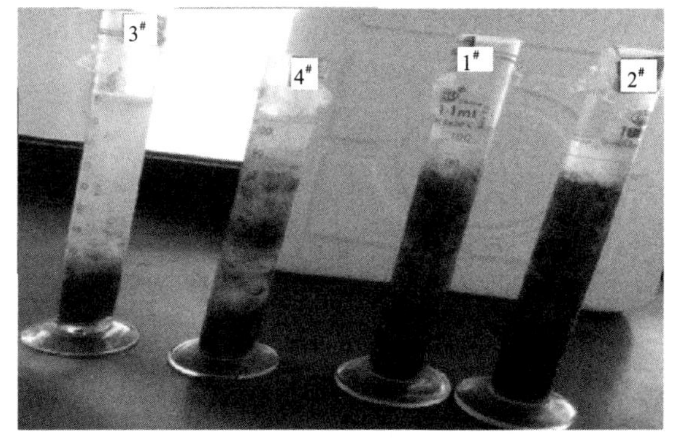

图 5-3　4 种纤维的悬砂实验图

表 5-7　4 种纤维的悬砂性实验结果

纤维名称	沉降速度（cm/h）
$1^{\#}$	0.831
$2^{\#}$	0.692
$3^{\#}$	1.846
$4^{\#}$	1.517

实验结果表明，分散性最好的纤维，其悬砂性能不一定最好，$1^{\#}$、$2^{\#}$ 纤维分散性较好的情况下有最好的悬砂性能。

5.1.2.3　纤维尺寸优选

分散性、悬砂性实验测试结果表明，$1^{\#}$、$2^{\#}$ 纤维的分散性能及悬砂性能均较好，因此选择 $1^{\#}$ 或 $2^{\#}$ 纤维开展纤维尺度优选。考虑到 $1^{\#}$ 纤维具有不同的纤维尺寸，因此以 $1^{\#}$ 纤维为研究对象，开展纤维长度对其分散性和悬砂性的影响实验，对纤维尺寸进行优化，实验条件同上述分散性实验和悬砂性实验，实验结果如图 5-4 所示。

(a) 3mm纤维

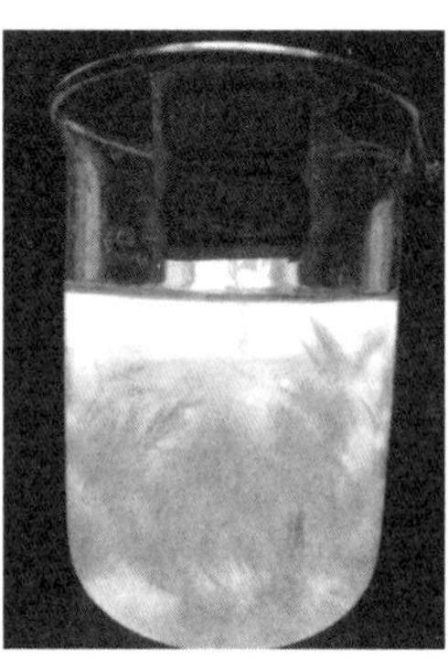

(b) 6mm纤维

(c) 9mm纤维

(d) 12mm纤维

图 5-4　不同长度纤维的分散性

实验结果表明纤维长度在 3mm 时，纤维基本沉降在烧杯底部，说明长度太短，没有形成有效的支撑网状体系；当纤维长度超过 9mm 后，纤维在水溶液中易成结、成缕，不易分散，尤其在 12mm 时，纤维成结、成束的状态尤为明显。

表 5-8　不同长度纤维悬砂性能实验结果表

长度（mm）	沉降速度（cm/h）				
	1h 后	2h 后	3h 后	4h 后	5h 后
3	2.20	8.10	—	—	—
4	1.20	1.75	1.70（已分层）	3.28	2.86

续表

长度（mm）	沉降速度（cm/h）				
	1h 后	2h 后	3h 后	4h 后	5h 后
5	0.42	0.55	1.03	2.48	2.50
6	0.90	0.75	1.10	1.79	1.83
7	0.48	0.85	1.30	1.81	1.88
8	0.60	0.78	1.33	1.85	1.79
9	0.50	0.90	1.33	1.70	1.84
10	0.50	0.55	1.10	1.90	2.02
11	0.65	1.21	1.57	1.87	2.04
12	0.70	1.25	1.63	1.93	1.94

实验结果表明，在 5h 范围内，直径在 6～12mm 范围内的陶粒砂的沉降速度较小，携砂能力较高，6mm 和 9mm 最好。综合各时间点的沉降情况及水中的分散状态，建议直径选为 6mm 较为合适。

5.1.2.4　纤维耐温及耐酸碱性实验

通过分散性、悬砂性实验测试结果表明，1#、2# 纤维分散性及悬砂性能较好，因此选择 1# 或 2# 纤维开展纤维耐温及耐酸碱性实验评价。本次实验采用 1#、2# 纤维，进一步开展耐温性和耐酸碱性能实验，评价其在不同储层温度和不同介质中的适应性。

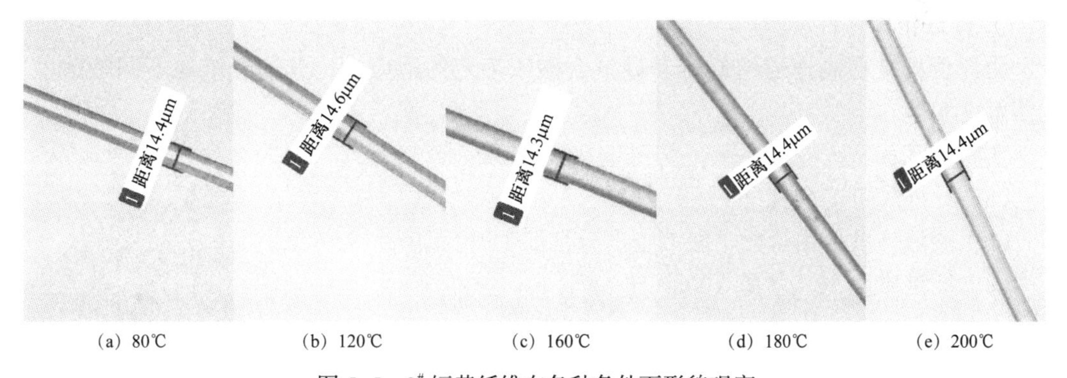

(a) 80℃　(b) 120℃　(c) 160℃　(d) 180℃　(e) 200℃

图 5-5　2# 短黄纤维在各种条件下形貌观察

（1）纤维耐温性实验测试。

该纤维的耐温测试如图 5-6 所示，在 80～300℃范围内，保温 2h，由外观和显微镜形貌观察，如图 5-6 和图 5-7 所示，纤维没有发生断裂，没有降解；经称重，200℃的 2# 纤维的失重率始终保持在 3.12% 以下，如图 5-8 所示。

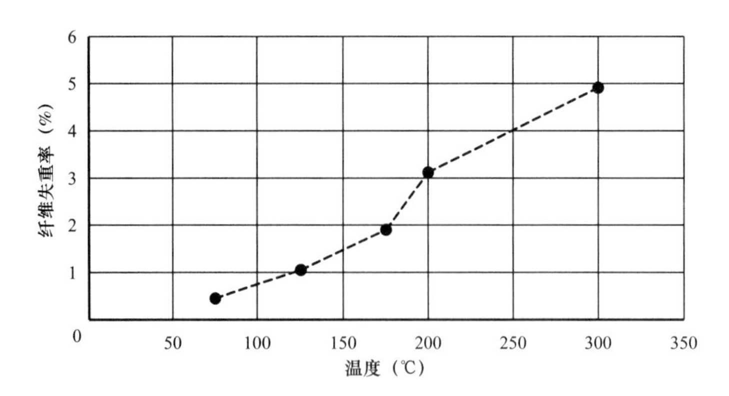

图 5-6　2# 短黄纤维的失重率随温度的变化情况

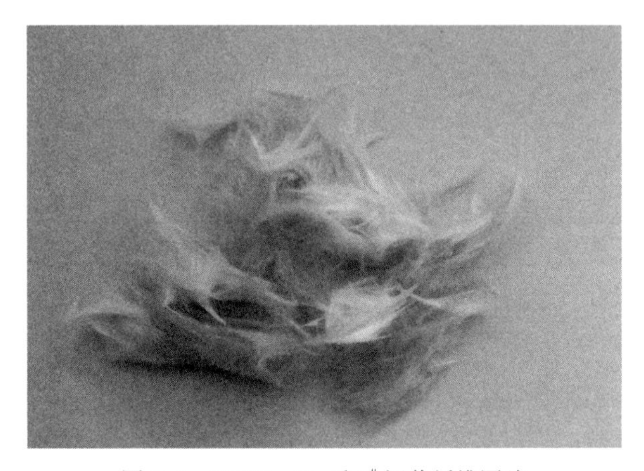

图 5-7　300℃、2h 后 2# 短黄纤维图片

（2）纤维耐酸碱性能实验测试。

① 1# 纤维耐酸性实验。

为评价纤维在高速通道纤维悬砂复合酸压工艺的适应性，开展纤维在不同酸浓度下的溶解性实验。

实验方案：

（a）纤维采用 1# 纤维；

（b）酸液体系采用盐酸，酸液浓度分别取 15%、20%、25%；

（c）纤维质量 5g，盐酸 100mL；

（d）时间 2h。

实验结果见表 5-9。

不同盐酸浓度下，反应时间为 2h，质量损失率小于 1%，结果表明 1# 纤维可以满足高温储层压裂和酸压改造的需求。

② 2# 纤维耐酸碱性实验。

在 2×10^5mg/L 的高矿化度水中 2h，经称重，短黄纤维的质量损失率为 1.1%。在 pH 值为 1～14 范围内，时间为 2h，经称重，短黄纤维的质量损失率小于 2%（图 5-9 和图 5-10）。

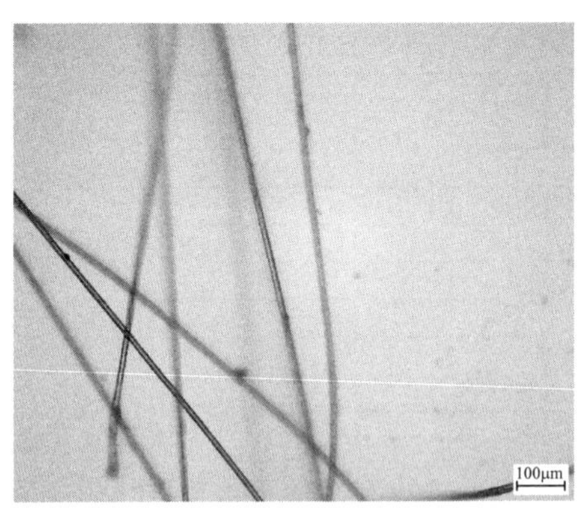

(a) 100μm显微镜下

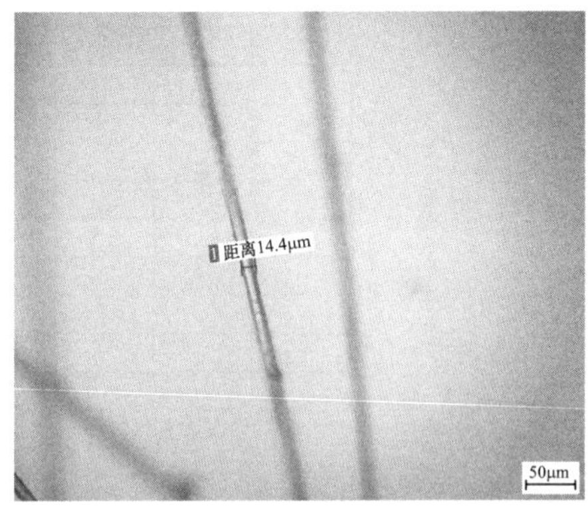

(b) 50μm显微镜下

(c) 50μm下放大图

图 5–8　300℃、2h 后 2# 短黄纤维显微镜图片

表 5–9　实验结果

序号	盐酸浓度（%）	纤维质量（g）	酸溶解率（%）
1	15	5	0.13
2	20	5	0.66
3	25	5	0.86

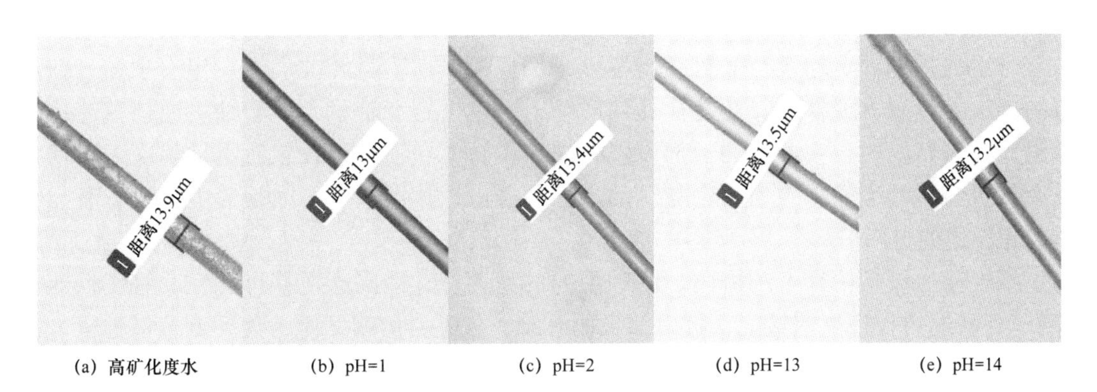

(a) 高矿化度水　(b) pH=1　(c) pH=2　(d) pH=13　(e) pH=14

图 5–9　2# 短黄纤维在不同 pH 值条件下的形貌观察

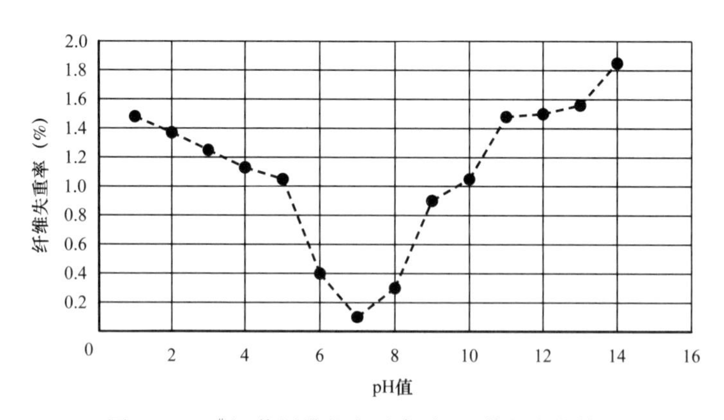

图 5-10 2# 短黄纤维的失重率随 pH 值的变化情况

5.1.2.5 小结

通过纤维分散性、悬砂性以及耐温耐酸碱测试，1#、2# 纤维的分散性、悬砂性能良好，纤维尺寸选择 6mm 左右，耐温性达 300℃，适合不同 pH 值下的工作液体系。

5.1.3 纤维加砂设备

5.1.3.1 纤维输送设备性能

大量纤维加入压裂液中，抱团的纤维在短时间内无法快速分散，这要求在压裂施工前需足够长的时间准备纤维压裂液，给压裂液配置增加困难，从而难于现场配置。为提高压裂施工效率，能现场配置纤维压裂液，需要针对纤维分散难研发相应的设备。

目前，针对纤维的搅拌输送一般采用气力输送装置，输送的介质为空气和纤维的混合物。气力输送装置一般由供料器、输料管道、风机和分离器四个部分组成。气力输送装置存在以下问题：（1）气力输送装置体积大，且需要专门的车辆运装；（2）使用风机进行纤维输送，成本高，纤维浪费量大，且容易造成环境污染；（3）使用的电源为 380V 动力电源，不利于压裂现场操作施工。针对以上的技术不足，本节提供一种应用在油气井纤维辅助压裂过程中的纤维输拌注装置，该装置不但能控制纤维的加入速度，还能防止纤维抱团，最终使纤维均匀地加入混砂罐中[52]。

纤维输送设备包括外形呈正圆锥台的输料腔、电动机Ⅰ和电动机Ⅱ，输料腔的小端与混砂罐的顶部固定连接，输料腔与混砂罐相连通，在输料腔的大端设置有顶盖，在顶盖的圆心处设置有搅拌孔，在搅拌孔的内壁上固定设置有轴承，空心轴贯通顶盖通过轴承设置在输料腔内，空心轴的上部设置有从动齿轮，在顶盖上设置有电动机Ⅰ，电动机Ⅱ上设置有主动齿轮，主动齿轮与从动齿轮通过齿轮传动连接；在顶盖上还设置有与输料腔相连通的进料口。

纤维输送设备依靠电动机驱动两种不同的搅拌杆，即高速搅拌杆和空心轴（低速搅拌杆），高速搅拌杆高速转动，打散加入的纤维，且不会剪断纤维，使纤维分散地落入混砂车。空心轴搅拌杆有多个叶片，搅拌叶片与空心轴之间的夹角范围是 90°，气送纤维输送过程中纤维易吹出，多个叶片能打乱空气流，避免纤维吹出，也能初步打散纤维，阻止其抱团。高速搅拌杆和低速搅拌杆的转速可调，空心轴和搅拌横杆的旋转方向相同，其结构不同，高速搅拌杆结构简单，能减小高速转动的功率消耗和保证安全性，主要目的是在加入纤维时，快速打散纤维；空心轴的旋转速度范围为 10～100r/min。

在顶盖上固定设置有电动机Ⅰ，电动机Ⅰ的传动端与搅拌杆相连，搅拌杆贯穿设置在空心轴内，搅拌杆的末端穿出空心轴的末端，在搅拌杆的末端固定设置有搅拌横杆；搅拌横杆的旋转速度范围为 2000～6000r/min；空心轴和搅拌横杆的旋转方向相同。

设备的控制可以手动控制和计算机控制，控制面板与计算机连通，计算机能实时控制搅拌轴和空心轴的转速，具有自动化程度高、操作简单的特点。该设备制作简单，成本低廉，安全可靠，能实现变纤维浓度，变搅拌速度，能快速高效地使纤维分散在压裂液中。

5.1.3.2　设备运行

根据提出的问题、设计的纤维输送装置和相应的尺寸，制造了纤维输送设备（图 5–11），经过现场测试，该设备达到了设计的性能要求和尺寸要求，能解决空气输送纤维吹出的问题，并能有效打散纤维防止抱团，使其均匀分散落入混砂液中，具有良好的应用前景。

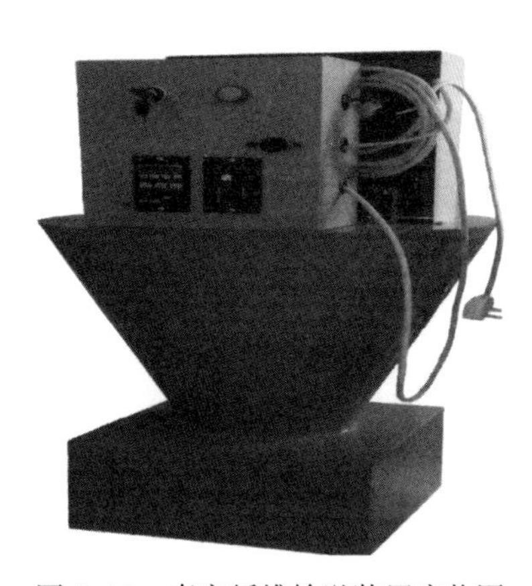

图 5–11　真实纤维输送装置实物图

一种应用在油气井纤维辅助压裂过程中的纤维输送装置，包括外形呈正圆锥台的输料腔、电动机Ⅰ和电动机Ⅱ，输料腔的小端与混砂罐的顶部固定连接，输料腔与混砂罐相连通，在输料腔大端设置有顶盖，在顶盖的圆心处设置有搅拌孔，在搅拌孔的内壁上固定设置有轴承，空心轴贯通顶盖通过轴承设置在输料腔内。空心轴的上部设置有从动齿轮，在顶盖上设置有电动机Ⅱ，电动机Ⅱ上设置有主动齿轮，主动齿轮与从动齿轮通过齿轮传动连接。在顶盖上还设置有与输料腔相连通的进料口。在空心轴的外表面均匀分布设置有搅拌斜杆，搅拌斜杆的长度是 100mm 左右，搅拌斜杆的末端朝向输料腔的小端方向倾斜，搅拌斜杆与空心轴之间的夹角是 90°。空心轴的旋转速度为 100r/min。在顶盖上固定设置有电动机Ⅰ，电动机Ⅰ的传动端与搅拌轴相连，搅拌轴贯穿设置在空心轴内，搅拌轴的末端穿出空心轴的末端，在搅拌轴的末端固定设置有搅拌横杆，搅拌横杆的长度是 110mm；搅拌横杆的旋转速度为 2000r/min，空心轴和搅拌横杆的旋转方向相同。

5.2　脉冲式支撑剂自聚调控高导流压裂工艺技术

纤维脉冲是实现高导流通道压裂的柱状支撑的有效方法，但不是唯一方法。为此，通过研究，形成具有自聚能力的柱状支撑剂技术，支撑剂可以在裂缝内部自聚形成支撑剂柱，形成非均匀通道，提高裂缝导流能力，有效支撑裂缝壁面。

5.2.1 砂粒聚结强度评价方法

国内在通道压裂的相关研究落后于国外，目前在自聚性支撑剂方面的研究尚属空白。而目前国外大都是采用定性评价的方法给出一个直观的结论，没有发现针对支撑剂自聚强度测定的定量评价方法。因此，本节的首要工作是针对不同的覆膜体系，建立相应的砂粒聚结强度评价指标体系。

5.2.1.1 微量拉力测试

对于黏性覆膜体系，采用微量拉力测试装置（图 5–12），从制备好的覆膜支撑剂中任意选取两粒进行拉力测定，用以评价砂粒聚集后颗粒间的黏结力的大小，并以此筛选黏性覆膜改性剂。

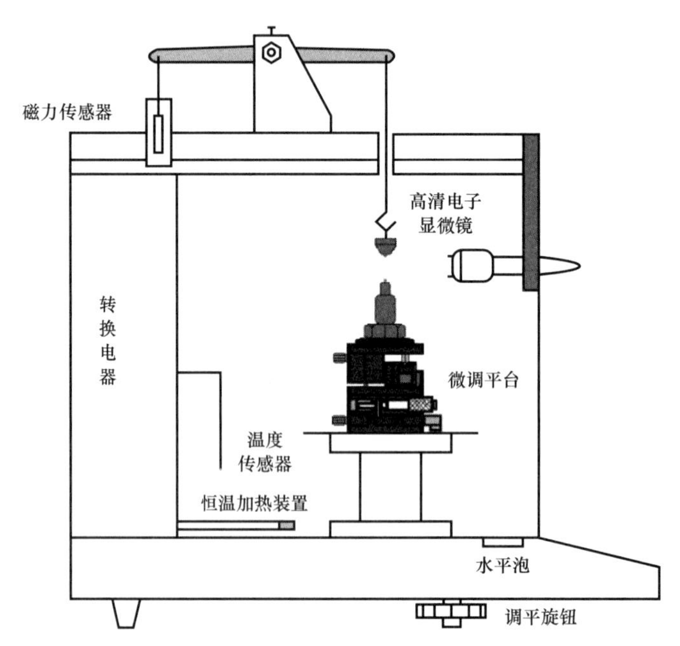

图 5–12 微量拉力测试装置

5.2.1.2 黏聚性评价

对于非固化树脂覆膜体系，砂粒聚集后保持团聚状态将直接影响着非均匀铺砂的效果。因此，针对砂团的抗变形性能，通过测定砂柱的垮塌时间来评价砂团的黏聚性（图 5–13）。

5.2.1.3 超声振荡自聚强度评价

使用杂环聚合物制备的自聚性支撑剂不像树脂类覆膜剂具有较大的黏性，而是脆性聚集，针对这种类型的自聚性支撑剂，建立了超声振荡评价自聚强度的方法（图 5–14）。改性支撑剂砂粒自聚后形成的砂柱放入超声振荡器中，在超声波的剥蚀作用下，至所有砂粒完全从铁丝网中脱落为止，记录为自聚砂柱的垮塌时间，以此评价支撑剂的自聚强度。

图 5-13　砂柱垮塌时间评价

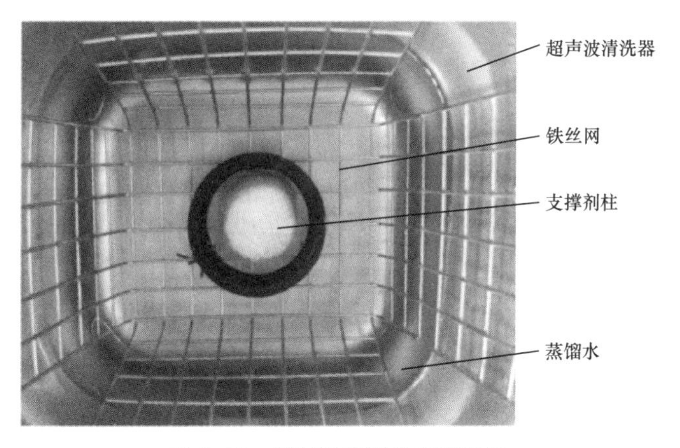

图 5-14　超声振荡评价自聚强度

5.2.2　对砂粒具有自聚作用的主剂

5.2.2.1　树脂类物质

树脂类覆膜剂种类繁多，主要研究了环氧树脂、酚醛树脂和聚酰胺树脂，分子结构如图 5-15 所示。

其中环氧树脂 HY-1 和聚酰胺树脂 JXA-1 能使砂粒团聚，如图 5-16 所示。但树脂类物质主要通过形成共价键、黏性作用使颗粒聚结（图 5-17），虽然强度高，但是不具有自聚性。

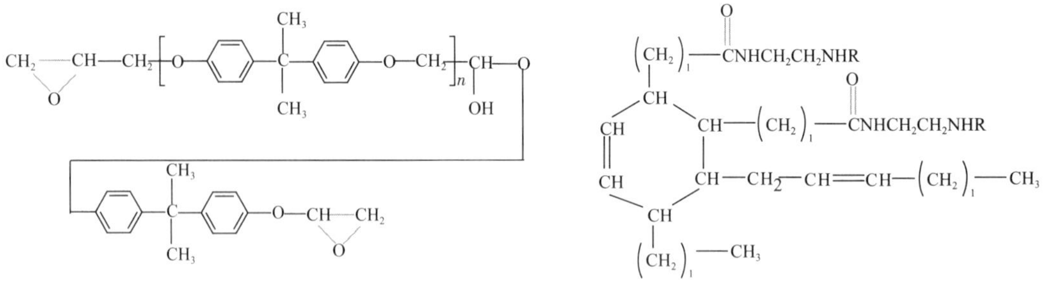

CH_2—CH—CH_2—[O—⟨⟩—C(CH_3)(CH_3)—⟨⟩—O—CH_2—]$_n$—CH(OH)—O—⟨⟩—C(CH_3)(CH_3)—⟨⟩—O—CH—CH_2 (O)

(a) 环氧树脂

$(CH_2)_l$—$\overset{O}{\|}$CNHCH$_2$CH$_2$NHR

CH

CH　CH—$(CH_2)_l$—$\overset{O}{\|}$CNHCH$_2$CH$_2$NHR

CH　CH—CH$_2$—CH═CH—$(CH_2)_l$—CH$_3$

CH

$(CH_2)_l$—CH$_3$

(b) 聚酰胺树脂

图 5-15　分子结构示意图

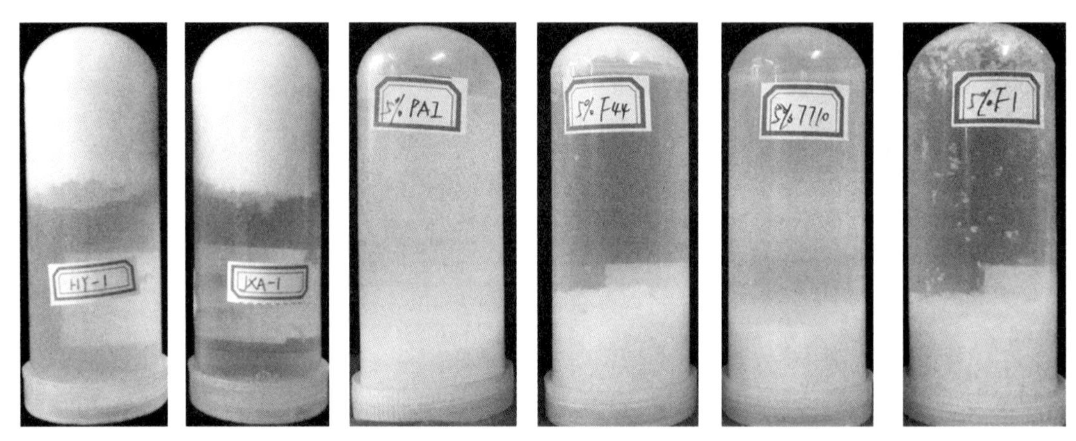

图 5-16　不同树脂对支撑剂的聚集作用

从左到右依次为：HY-1、JXA-1、PAI KJ-20W、F44、7710、F1

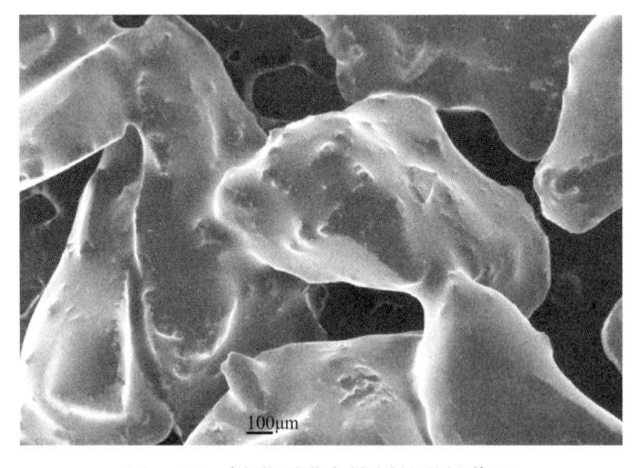

图 5-17　树脂覆膜支撑剂的黏性作用

5.2.2.2　偶联剂类物质

本节主要研究低分子硅烷和高分子硅烷覆膜对支撑剂聚集性能的影响，优选 GY03 和 GWC121，通过复配可得到聚集性能良好的支撑剂（图 5-18）。偶联剂能与石英砂发生反应，形成共价键使砂粒聚集，强度低于树脂，但制备工艺简单方便，然而同样无自聚性能（图 5-19）。

图 5-18　不同硅烷对支撑剂的聚集作用

从左到右依次为：GY03、GWC121、GY03+GWC121、GY03+ANS18

图 5-19　偶联剂对砂粒的聚集作用

5.2.2.3　杂环聚合物类物质

（1）杂环聚合物的合成。

通过正交试验，得到了杂环聚合物的合成条件为使用浓度为 30% 杂环单体，在 70℃的条件下反应 24h，其中引发剂的用量为 0.5%～1%，可制得对砂粒具有较好自聚性能的杂环均聚物，并以此作为自聚性处理剂的主剂，分别对其进行了红外、核磁和凝胶色谱的表征，如图 5-20 所示。

（2）自聚机理。

不同于树脂和偶联剂类覆膜剂，杂环聚合物覆膜剂在砂粒表面不会形成黏性涂层，也没有形成共价键（图 5–21），而是通过氢键作用及改变砂粒表面电性使其在水溶液中发生自聚作用（图 5–22）。

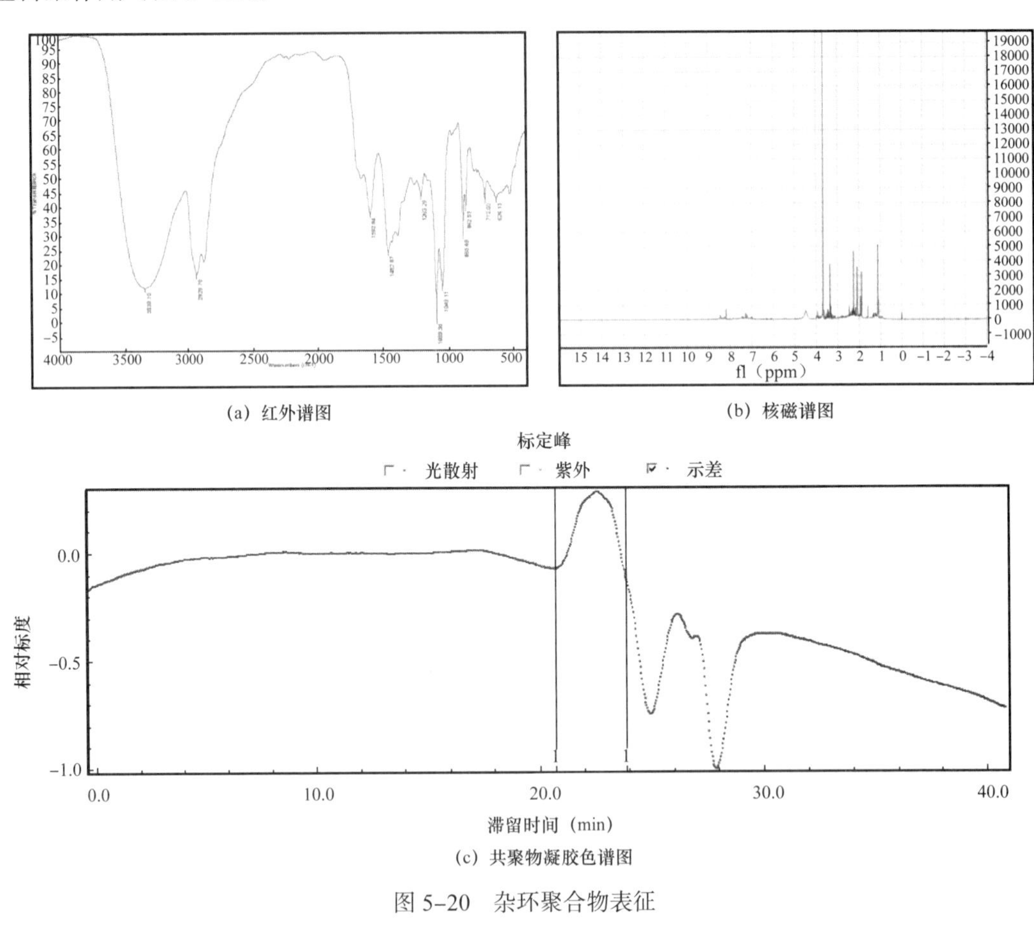

（a）红外谱图

（b）核磁谱图

（c）共聚物凝胶色谱图

图 5–20 杂环聚合物表征

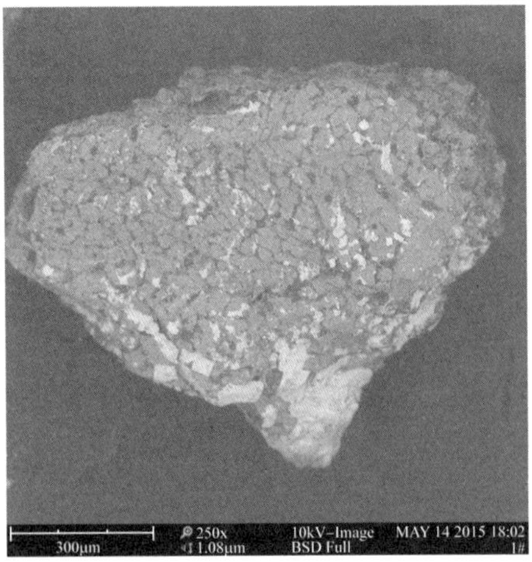

300μm 250x 1.08μm 10kV-Image BSD Full MAY 14 2015 18:02 1#

200μm 400x 677μm 10kV-Image BSD Full MAY 14 2015 18:04 1#

（a）500μm下

（b）200μm下

图 5–21 杂环聚合物在砂粒表面的涂层

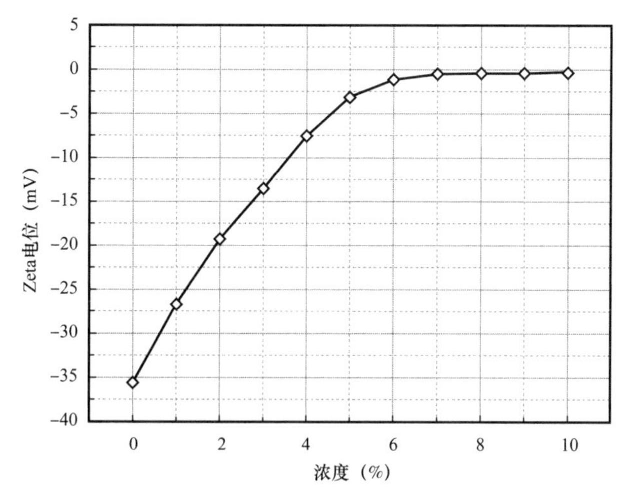

图 5-22　自聚性改性剂用量与砂粒表面电位关系

（3）自聚性改性剂配方优化。

合成的杂环聚合物虽然具有优异的使砂粒自聚的性能，但是其水溶性较差，不适合湿涂法使用，因此，通过向其醇溶液中加入芳烃溶剂来改善主剂在水中的溶解性，同时能够有效降低砂粒表面的电位，增强砂粒的自聚性能，如图 5-23 所示。另外，为了增强主剂与砂粒的结合能力，还辅以互溶剂强化主剂在石英砂颗粒表面的吸附能力，自聚性改性剂主要试剂及用量见表 5-10。

表 5-10　自聚性改性剂配方

序号	组分名称	含量（%）	组分作用
1	杂环聚合物	10	主剂
2	芳烃溶剂	40	改善主剂在水中溶解性；改变颗粒表面带电性
3	互溶剂	10	改善主剂在水中溶解性；强化主剂在颗粒表面吸附能力
4	甲醇	40	溶剂

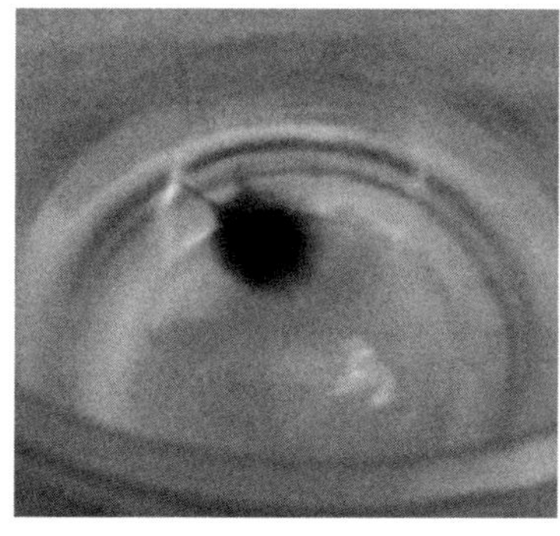

(a) 刚添加到水中

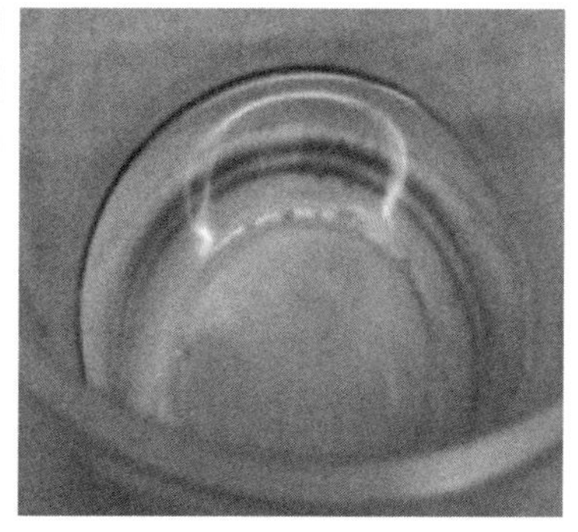

(b) 在水中铺展

图 5-23　自聚性改性剂在水中状态

（4）产品性能。

制备的自聚性改性剂不但能使石英砂具有自聚性能，同时也适用于陶粒支撑剂、碳酸盐岩颗粒及氧化铝颗粒，如图 5–24 所示。

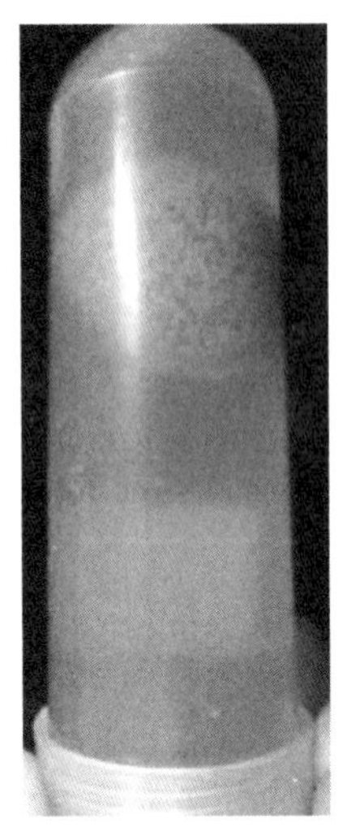
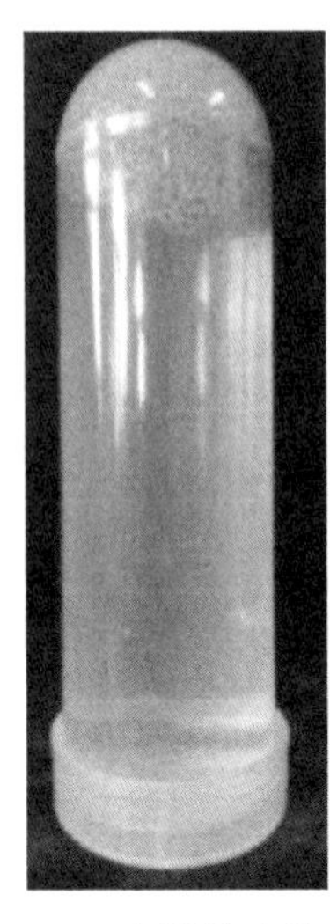

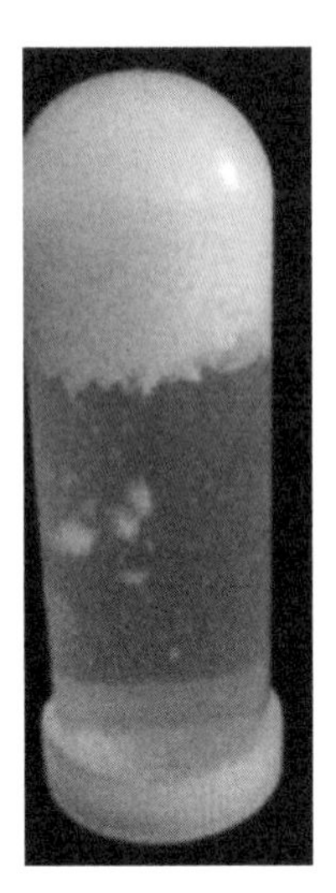

图 5–24 自聚性改性剂对不同颗粒的自聚行为

从左到右依次为：20/40 目石英砂、20/40 目陶粒、20/30 目碳酸盐岩颗粒、20/30 目氧化铝粉

该自聚性改性剂不但可使用干涂法，采用湿涂法对砂粒进行覆膜涂层，同样可使石英砂支撑剂在水中具有自聚性，如图 5–25 所示。另外，制备好的覆膜支撑剂在水中需要经过大约 1～3min 便出现自聚行为，7～8min 后可到最大强度（图 5–26），同时还具有较好的重复性，可重复自聚 6 次以上（图 5–27）。

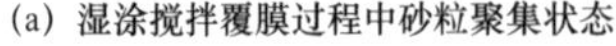

(a) 湿涂搅拌覆膜过程中砂粒聚集状态

(b) 湿涂改性后砂粒在水中自发聚集成团

图 5–25 湿涂法制备的自聚性支撑剂

（5）影响因素分析。

为研究制备的自聚性支撑剂能否在储层的高温条件下使用，进行高温条件下的自聚实验。结果表明，随着温度的升高，80℃和 120℃时自聚强度分别为常温下的 89.5% 和 75%（图 5–28），自聚强度虽有所下降，但整体上影响不大，适合高温油藏的使用。

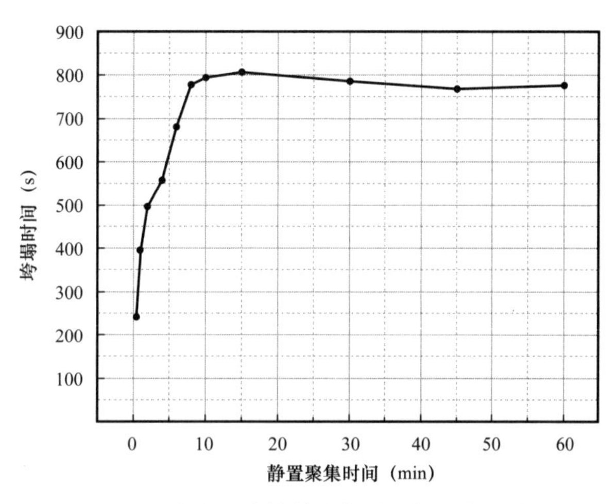

图 5-26　自聚性支撑剂聚集时间与强度的关系

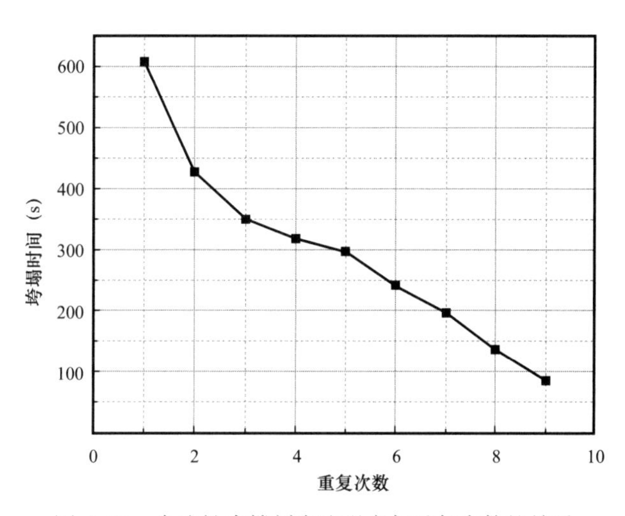

图 5-27　自聚性支撑剂自聚强度与重复次数的关系

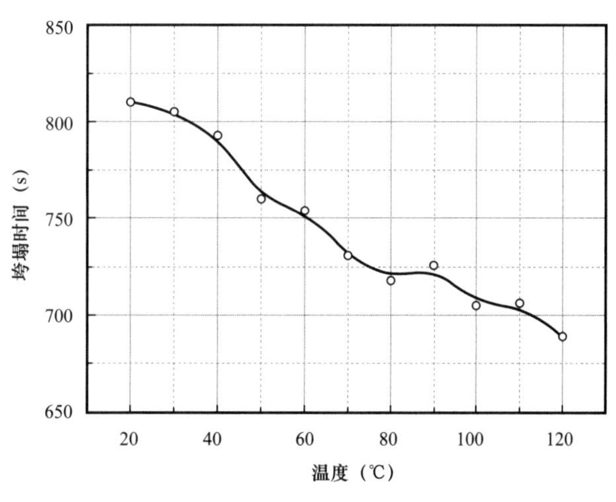

图 5-28　温度对自聚性能的影响

另外，还研究了浸泡液体中无机盐含量对自聚强度的影响，如图 5–29 所示。结果表明，少量无机盐加入即可对自聚强度产生较大的影响，随着无机盐浓度的继续升高，自聚砂柱强度表现为平稳下降，当无机盐含量为 5% 时，砂柱强度下降 50%，总体来讲，无机盐含量对支撑剂的自聚性能影响较大。

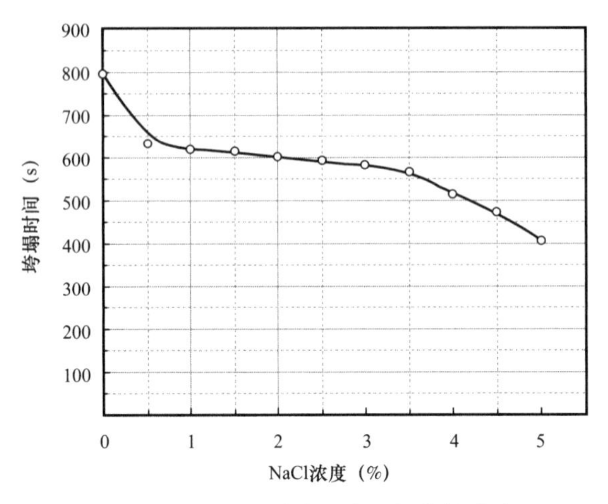

图 5–29　无机盐浓度对自聚性能的影响

5.2.3　自聚性改性剂与压裂液的配伍性

常用瓜尔胶压裂液多为碱性，首先研究了浸泡液体的 pH 值对改性支撑剂的自聚性能影响规律，如图 5–30 所示。从图 5–30 中可以看出，酸性条件下，自聚强度有所增强，而碱性条件对自聚性能影响不大，适合在瓜尔胶压裂液中使用。

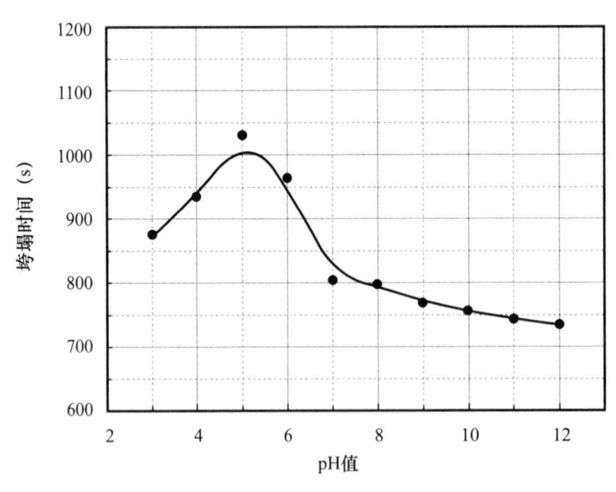

图 5–30　pH 值对自聚性能的影响

压裂液的黏度是决定压裂成败的关键，通过向压裂液中添加自聚性改性剂来研究改性剂对压裂液黏度的影响规律，如图 5–31 所示。从图 5–31 中可以看出，改性剂的加入并未对压裂液黏度产生明显影响，相反，黏度还略有提高。另外，成胶实验表明，自聚性改性剂对压裂液成胶时间亦无明显影响。这说明制备的自聚性改性剂与常用瓜尔胶压裂液具有较好的配伍性。

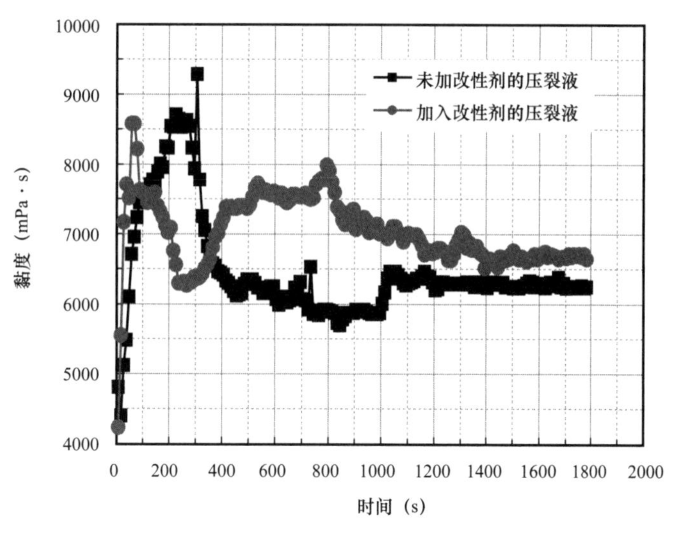

图 5-31　自聚改性剂加入对压裂液黏度的影响

5.3　速溶型低浓度瓜尔胶压裂液

5.3.1　速溶瓜尔胶的制备

改性瓜尔胶的产物有很多种，例如非离子改性瓜尔胶、阴离子改性瓜尔胶、两性改性瓜尔胶、阳离子改性瓜尔胶等，目前在油田中最常使用的是羟丙基瓜尔胶，其属于一种非离子瓜尔胶，具有改性成本低、产物性能优良等优点，因此本实验中也以羟丙基瓜尔胶作为最终改性产物[53-56]。

（1）仪器及原料。

原料：瓜尔胶粉，工业品，93 级；乙醇（AR）、氢氧化钠（AR）、冰醋酸（AR）；环氧丙烷（AR）。

仪器：CJ-0.5 高压反应釜；SHZ-111 型真空循环水泵（上海亚荣）；202-1 型恒温箱（上海博珍）；ZNN-D6 型六速旋转黏度计（山东胶南）。

（2）原理及方法。

瓜尔胶分子以 GG-OH 表示，羟丙基化反应方程如下：

$$GG—OH + \underset{\underset{O}{\diagdown\ \diagup}}{CH_2—CH}—CH_3 \xrightarrow{NaOH} GG—O—CH_2—\underset{\underset{OH}{|}}{CH}—CH_3$$

取一定量的瓜尔胶粉分散于乙醇水溶液中，加入氢氧化钠，放置于带冷凝管的500mL三口烧瓶中，浸于恒温水浴，搅拌20min之后加入一定量的环氧丙烷，反应完成后，冷却到室温，用醋酸中和至pH值为7；过滤，洗涤2次，干燥，粉碎。

一般认为固态下瓜尔胶分子通常以卷曲的球形结构存在，主链甘露糖在内侧，其大量羟基被包裹在分子内部，不仅没有表现出应有的水溶性，反而由于分子内氢键作用，使得其水溶性大大降低。而作为支链的半乳糖处于分子外侧，且半乳糖上的C_6上的羟基为伯羟基，所以不管从立体位阻还是从反应的活性来看，半乳糖上的C_6羟基被化学改性的概率最大。

（3）实验结果及讨论。

①催化剂用量。

实验中使用的催化剂是氢氧化钠，其主要作用是活化聚糖中的活泼羟基，使其易于与环氧丙烷反应。在瓜尔胶50g、水60mL、乙醇150mL、环氧丙烷10mL、反应温度60℃、反应时间4h条件下考察催化剂用量对羟丙基瓜尔胶（HPG）性能的影响。具体的实验结果见表5-11。

表5-11　催化剂用量对产物性能的影响

催化剂用量（g）	溶液表观黏度（mPa·s）	水不溶物（%）	1min溶解百分数（%）
2	110	0.167	0.254
3	105	0.122	0.306
4	105	0.108	0.321
5	105	0.078	0.309
6	90	0.082	0.287

从表5-11中可以看出，随着催化剂用量增加，水不溶物含量逐渐降低，但改性瓜尔胶表观黏度也降低，产物的交联性变差；催化剂用量变化对改性产物1min溶解百分数影响不大。权衡三个指标认为催化剂用量应取5g较好。其他实验是在加入5g催化剂和上述反应条件下进行的。

②醇用量。

实验采用工业乙醇，也可以使用异丙醇等。醇不参加化学反应，仅起溶剂的作用。溶剂醇的加量要足够，使反应物在搅拌器中易于搅拌。醇的加量要求不严格，反应中确定工业乙醇的加量为150mL。

③水用量。

在反应物中必须加入一些水，以保证瓜尔胶稍微膨胀，但是过多的水会使瓜尔胶过度膨胀，导致改性瓜尔胶黏度下降。因此要控制好水和醇的比例，合适的醇和水比例为3∶1～4∶1，但是还应考虑反应后，中和时酸碱反应生成水的量。具体的实验结果见表5-12。

表 5-12　水用量对产物性能的影响

水用量（mL）	溶液表观黏度（mPa·s）	水不溶物（%）	1min 溶解百分数（%）
20	93	0.124	0.139
40	102	0.115	0.202
60	105	0.078	0.309
80	105	0.081	0.288

从表 5-12 中可以看出，随着水用量的增加，产物水不溶物降低较明显，而溶液表观黏度和 1min 溶解百分数则没有明显变化。水的加量为 60mL 时，改性产品的水不溶物含量最低，因此水的加量确定为 60mL。

④ 环氧丙烷用量。

环氧丙烷是醚化反应的醚化剂，其主要作用是降低瓜尔胶中的水不溶物，但由于进行醚化反应会导致瓜尔胶的部分降解，导致改性瓜尔胶溶液黏度降低，因此必须在醚化反应中控制环氧丙烷的用量。在瓜尔胶 50g、水 60mL、乙醇 150mL、催化剂 5g、反应温度 60℃、反应时间 4h 条件下考察环氧丙烷用量对 HPG 性能的影响。具体的实验结果见表 5-13。

表 5-13　环氧丙烷用量对产物性能的影响

环氧丙烷用量（g）	溶液表观黏度（mPa·s）	水不溶物（%）	1min 溶解百分数（%）
6	111	0.127	0.313
8	108	0.094	0.289
10	105	0.078	0.309
12	105	0.085	0.311
14	99	0.075	0.276

从表 5-13 中可以看出，随着环氧丙烷用量增加，产物溶液表观黏度和水不溶物逐渐降低，但1min 溶解百分数变化不明显。所以根据实验结果，适宜的环氧丙烷用量应为 10mL。

⑤ 反应温度。

反应温度对瓜尔胶醚化反应影响较大。反应温度高，醚化反应快，改性不均匀，产物性质变化较大；反应温度低，达到相同的改性程度需要的反应时间长，可能会造成瓜尔胶部分降低，降低瓜尔胶基液黏度。在瓜尔胶 50g、水 60mL、乙醇 150mL、催化剂 5g、环氧丙烷 10mL、反应时间 4h 条件下考察反应温度对 HPG 性能的影响，实验结果见表 5-14。

表 5–14　反应温度对产物性能的影响

反应温度（℃）	溶液表观黏度（mPa·s）	水不溶物（%）	1min 溶解百分数（%）
40	114	0.227	0.163
50	108	0.149	0.237
60	105	0.078	0.309
70	99	0.078	0.358

从表 5–14 中可以看出，提高醚化反应温度，改性产物溶液表观黏度降低、水不溶物降低、1min 溶解百分数升高。所以从体系综合性能来看，选择醚化反应温度为 60℃是比较适宜的。

⑥ 反应时间。

反应时间对醚化反应有一定影响，反应时间过长会导致体系黏度降低、整体改性成本上升等。在瓜尔胶 50g、水 60mL、乙醇 150mL、催化剂 5g、环氧丙烷 10mL、反应温度 60℃条件下考察反应时间对 HPG 性能的影响。具体的实验结果见表 5–15。

表 5–15　反应时间对产物性能的影响

反应时间（h）	溶液表观黏度（mPa·s）	水不溶物（%）	1min 溶解百分数（%）
2	114	0.137	0.228
3	111	0.104	0.285
4	105	0.078	0.309
5	96	0.075	0.317

从表 5–15 中可以看出，增加反应时间，改性产物溶液表观黏度降低、水不溶物降低、1min 溶解百分数升高，所以综合考虑，选择醚化反应时间为 4h 是比较适宜的。

⑦ 增速剂用量。

从以上合成反应可以看出，对于瓜尔胶的羟丙基醚化反应来说，常规的控制反应条件不可能使羟丙基瓜尔胶的 1min 溶解百分数大幅度提高，所以必须引入其他添加剂。

瓜尔胶产品溶解慢的原因之一是瓜尔胶分子间存在大量的氢键，主要以分子间氢键为主，在溶解过程中水分子需要先克服这些分子间氢键，然后水分子与这些瓜尔胶分子形成氢键，在搅拌作用下导致溶解。从瓜尔胶的分子结构来看，瓜尔胶是一种半乳甘露聚糖，其分子主链为甘露糖，支链为半乳糖，由于空间位阻作用，半乳糖上的羟基比甘露糖上的羟基更容易形成分子间氢键。对瓜尔胶进行羟丙基化改性后，由于羟丙基醚化反应主要发生在半乳糖上 C_6 上的伯羟基，因此这种改性反应可以降低瓜尔胶分子间氢键，导致羟丙基瓜尔胶溶解速率比瓜尔胶原粉高。但单纯的羟丙基化反应不能使羟丙基瓜尔胶的性能达到速溶瓜尔胶的要求，所以应引入其他的助剂进一步降低瓜尔胶分子间氢键。

在本研究中使用了一种增速剂FC，其主要作用是降低瓜尔胶分子间的氢键，保证改性产品溶解速率大幅度提高。在瓜尔胶50g、水60mL、乙醇150mL、催化剂5g、环氧丙烷10mL、反应温度60℃、反应时间4h条件下考察了增速剂FC对HPG性能的影响。具体的实验结果见表5-16。

表5-16 增速剂FC加量对产物性能的影响

FC（g）	溶液表观黏度（mPa·s）	水不溶物（%）	1min溶解百分数（%）
1	111	0.087	0.526
2	105	0.075	0.765
3	99	0.082	0.714
4	90	0.079	0.763

从表5-16中可以看出，随着增速剂FC用量的增加，产物羟丙基瓜尔胶溶液表观黏度降低，水不溶物变化不明显，1min溶解百分数先增加后基本保持不变。由于增速剂FC可以降低氢键的相互作用，所以在羟丙基瓜尔胶溶解过程中也降低了羟丙基瓜尔胶分子与水的相互作用，导致FC用量增加时羟丙基瓜尔胶溶液黏度降低，所以FC应有最佳用量。从表5-16中数据可以看出，在实验条件下，FC用量为2g是比较适宜的。

⑧ 分散剂用量。

实验过程中发现，由于加入增速剂FC，导致羟丙基瓜尔胶溶解速率大幅度提高，所以在羟丙基瓜尔胶溶解过程中极易产生“鱼眼”，而“鱼眼”问题在连续混配压裂施工中是不允许的，所以尝试使用分散剂MT解决羟丙基瓜尔胶溶解过程中的分散性问题。

分散剂MT是一种低分子量聚合物，其主要作用机理是在瓜尔胶颗粒表面成膜，使瓜尔胶分子在溶解过程中不会因为表面溶解速率过高导致“鱼眼”的出现。在瓜尔胶50g、水60mL、乙醇150mL、催化剂5g、环氧丙烷10mL、反应温度60℃、反应时间4h、增速剂2g条件下考察了分散剂MT对HPG性能的影响。具体的实验结果见表5-17。

表5-17 分散剂MT加量对产物分散情况的影响

MT（g）	溶液表观黏度（mPa·s）	水不溶物（%）	1min溶解百分数（%）
0.05	105	0.086	0.747
0.10	105	0.081	0.542
0.15	108	0.084	0.313
0.20	108	0.077	0.108

从表 5-17 中可以看出，由于加入分散剂 MT，导致产物 1min 溶解速率大幅度降低，主要原因是分散剂在瓜尔胶表面成膜，用量越大膜厚度越大，瓜尔胶分子渗透出膜的时间越长，溶解速率越低。所以从保证产品性能上考虑，适宜的分散剂加量应为 0.05g。0.05g 分散剂可保证改性产物在溶解过程中没有“鱼眼”。

5.3.2 速溶瓜尔胶的主要性能

（1）速溶瓜尔胶在盐水中的溶解性能。

配制用水中可能含有一定的无机盐类，所以需要测试速溶瓜尔胶在其中的溶解性能。所使用的无机盐包括：氯化钾、氯化钙、氯化镁，此外还测试了速溶瓜尔胶在海水中的溶解速率。采用的速溶瓜尔胶为工业化产品，配液粉比为 0.6%，配液水中需提前加入无机盐类（或采用海水）。具体的实验结果如图 5-32 所示；其中纵坐标物理量 η_{300} 黏度指 300r/min 转速下瓜尔胶溶液的黏度读数。

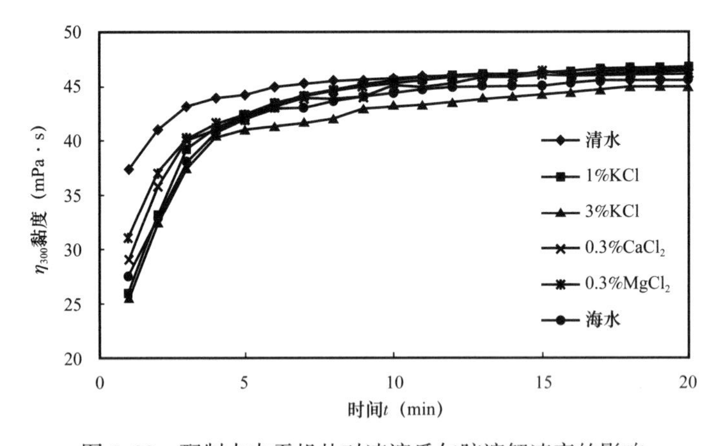

图 5-32　配制水中无机盐对速溶瓜尔胶溶解速率的影响

从图 5-32 中可以看出，加入配制水的矿化度对速溶瓜尔胶初始溶解速率影响较大，通常 1%KCl 和 0.3%$CaCl_2$ 都能使速溶瓜尔胶 1min 溶解百分数降低至 55%～65%，而最终黏度稍有降低，测试的不同盐水中速溶瓜尔胶的溶解速率基本相同，但速溶瓜尔胶在海水中的最终黏度最低。此外，从图 5-32 中还可以看出，虽然无机盐可以使速溶瓜尔胶初始溶解速率降低，但低剪切溶解 2～3min 后，各体系溶解百分数基本均可以达到 80% 以上。这个结果说明无机盐均可使速溶瓜尔胶初始溶解速率降低，所以在压裂配液过程中应考虑无机盐的作用。

（2）高剪切时间对速溶瓜尔胶溶解速率的影响。

室内条件下混调器搅拌强烈，一般剪切速率可以达到 3000～20000s^{-1}，改性瓜尔胶在此条件下溶解较快，而且高剪切时间越长，体系初始溶解百分数越高，但室内混合条件在现场配液过程中无法实现，为此需考虑高剪切时间对速溶瓜尔胶溶解速率的影响。室内实验采用混调器模拟高剪切条件，用六速黏度计模拟低剪切条件，将速溶瓜尔胶加入混调器中，30V（约 3000s^{-1}）输入电压下搅拌不同时间后（15s、30s、45s），将液体转入六速黏度计，测定其表观黏度的变化。具体的实验结果如图 5-33 所示。

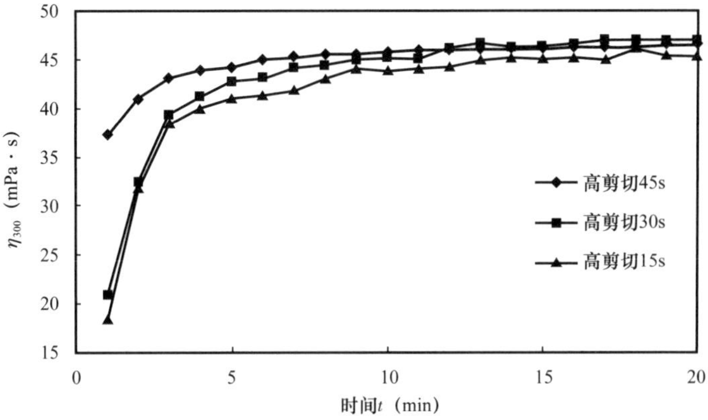

图 5-33 高剪切时间对速溶瓜尔胶溶解速率的影响

从图 5-33 中可以看出，高剪切时间越长，体系初始溶解百分数越高。在溶解 45s 后体系表观黏度达到最终黏度的 80%，但高剪切溶解 15s 和 30s 时的表观黏度约为最终黏度的 40%；高剪切 15s 和 30s 条件下体系溶解速率基本相同，后者溶解速率稍快。

从聚合物溶解机理角度考虑，聚合物溶解需要经历“溶胀”阶段，在此阶段中聚合物基本以溶胀为主，聚合物颗粒外层溶解的聚合物较少，所以体系表观黏度低；当溶胀与溶解达到平衡后，膨胀的聚合物颗粒在水渗透压的作用下以溶解为主，体系表观黏度大幅度增加。从图 5-33 中可以看出，高剪切 30s 和 15s 的溶解速率曲线基本相同，这就说明聚合物颗粒在 30s 溶解时间前，主要以溶胀为主，高剪切主要提供聚合物颗粒的分散（防止产生“鱼眼”），30～45s 时主要以聚合物溶解为主，体系黏度大幅度提高。

此外，高剪切时间为 30s 和 15s 的体系在低剪切 2～3min 时体系表观黏度达到最终黏度的 80% 以上，三种混合条件下体系最终黏度相差不大。这说明高剪切过程可以提高速溶瓜尔胶的初始溶解速率，但对最终黏度影响不大，速溶瓜尔胶体系在低剪切条件下也可以达到完全溶解。这与普通改性瓜尔胶溶解过程有较大差别。

（3）pH 调节剂对速溶瓜尔胶溶解速率的影响。

在压裂液使用过程中，通常需要加入 pH 调节剂，其主要作用是稳定压裂液在高温 / 剪切下的表观黏度，以达到提高携砂能力的目的。目前使用的改性瓜尔胶 pH 调节剂主要以碱性为主，但改性瓜尔胶在碱性条件下溶解不完全，所以需要考虑 pH 调节剂对速溶瓜尔胶溶解速率的影响。实验中将速溶瓜尔胶加入 350mL 清水后高剪切搅拌 45s，加入 7g 10% Na_2CO_3，体系中 Na_2CO_3 浓度为 0.2%，溶液 pH 值约为 11，立即将溶液转入六速黏度计量杯，测定不同时间内体系表观黏度变化。具体的实验结果如图 5-34 所示。

从图 5-34 中可以看出，加入 pH 调节剂对速溶瓜尔胶溶解性能影响不大，其主要原因是在 1min 内速溶瓜尔胶已基本达到溶解完全。众所周知，瓜尔胶在碱水溶液中不能溶解完全，可能的原因是氢氧根离子与瓜尔胶颗粒表面的羟基相互作用，阻止了瓜尔胶分子的进一步伸展；此外，当速溶瓜尔胶已经基本溶解时再加入碱类 pH 调节剂，则不会对速溶瓜尔胶的进一步溶解产生不利影响。因此现场施工过程中应该在速溶瓜尔胶已经基本溶解时加入 pH 调节剂。

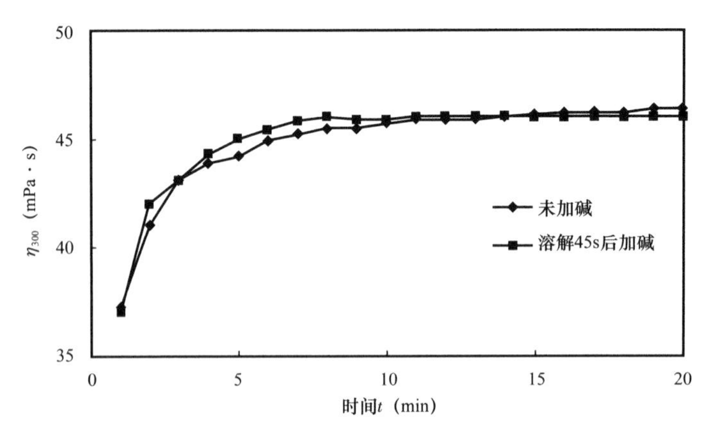

图 5-34　pH 调节剂对速溶瓜尔胶溶解速率影响

（4）速溶瓜尔胶综合性能。

根据 Q/SH 0050—2007《压裂用瓜尔胶和羟丙基瓜尔胶技术要求》的规定，分析了速溶瓜尔胶的综合性能。具体的实验结果见表 5-18。

表 5-18　不同瓜尔胶产品性能指标对比

名称	含水（%）	0.6% 溶液表观黏度（mPa·s）	水不溶物（%）	200 目筛余量（%）	pH 值
Jaguar415	10.2	147.0	3.3	93	6.5～7.0
Jaguar418	10.0	142.5	3.5	93	6.5～7.0
昆山 HPG（一级）	10.3	110.0	4.6	92	6.5～7.0
昆山 HPG（二级）	9.6	106.5	7.4	89	7.0
速溶瓜尔胶	10.2	110.0	7.2	90	6.5～7.0

从表 5-18 中可以看出，速溶瓜尔胶表观黏度低于 Juguar415 和 Juguar418，与国内产品基本相同。

5.3.3　有机硼交联剂 TB-1 合成实验

（1）实验材料。

硼酸（AR），二乙烯三胺（AR），四乙烯五胺（AR），多胺类化合物（自制），乙二醇（AR），正丁醇（AR），NaOH（AR）。

高温流变仪（HAAKE MARS Ⅲ，德国制造）。

（2）合成反应。

在装有冷凝管（分水器）、搅拌桨、滴加漏斗、温度计的四口烧瓶中加入硼酸、乙二醇，搅拌下升温至60～70℃，物料全部溶解，再加入正丁醇，搅拌下升温至110～120℃，反应2h，至脱出的水量不再变化；再在四口烧瓶中滴加有机多胺化合物，升温至120～140℃，反应2h，至脱出的正丁醇量不再变化，最后冷却至室温得到产品。合成反应过程示意图如图5-35所示。

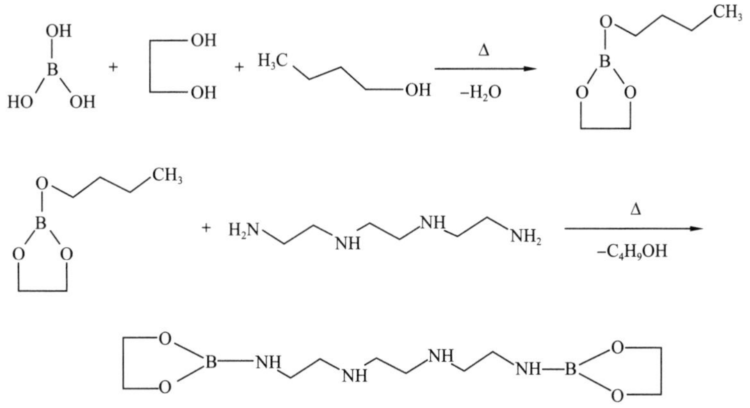

图5-35　合成反应过程示意图

（3）测试方法。

取500mL自来水，置于吴茵混调器中，在低速搅拌下加入2g速溶瓜尔胶（SRG-1），高速搅拌3min，静置备用。

取100mL压裂液基液，置于250mL烧杯中，用浓度为10%的NaOH水溶液将压裂液调至pH值为10。加入交联剂测定不同pH值基液的交联时间，然后将交联好的冻胶装入高温旋转流变计中测定其耐温性能。

（4）试验结果。

① 胺类化合物对交联的影响。

胺类化合物是一种配合物，其主要作用是与硼酸形成硼—氮键，增加硼酸的交联分子体积，提高交联剂在低浓度瓜尔胶条件下交联能力，其类型对交联有较大影响。为此研究了三种胺类化合物对交联稳定性的影响。具体的实验结果见表5-19。

表5-19　胺类配体对交联剂性能的影响

配合物	加量（%）	交联剂稳定性	交联时间（s）	交联状态	耐温性（℃）
二乙烯三胺	10	放置180d后澄清	10	冻胶发脆	82
	20	放置180d后澄清	10	冻胶发脆	91
四乙烯五胺	10	放置180d后澄清	10	冻胶发脆	88
	20	放置180d后澄清	10	冻胶发脆	94
多胺化合物	5	放置180d后澄清	10	挑挂性好	95
	15	放置180d后澄清	10	挑挂性好	100

从表 5-19 中可以看出，三种胺类化合物对交联影响较大，二乙烯三胺和四乙烯五胺分子量较小，与瓜尔胶形成的交联体系较弱，冻胶发脆，不易挑挂；而多胺类化合物是一种分子量较大的化合物，与瓜尔胶形成的交联体系挑挂性较好，且耐温性较好，是一种适宜的硼酸配合物。

此外，对于三种配合物形成的交联剂来说，交联时间通常较短，且不能通过优化配合物用量提高交联时间，说明交联剂的缓交联作用弱，必须通过外加延迟交联剂实现交联剂的延缓交联作用。

② 延迟交联剂对交联的影响。

优化了三种延迟交联剂对交联的影响，实验结果见表 5-20。从表 5-20 中可以看出，外加延迟交联剂有明显的延缓交联作用。与表 5-19 中的交联时间相比，外加延迟交联剂可以增加交联时间，提高交联体系耐温性。多元醇类化合物中，葡萄糖酸钠具有明显的延迟交联作用，交联体系耐温性也最好，是一种适宜的延迟交联剂。

表 5-20　延迟交联剂对交联性能的影响

配体	加量（%）	交联剂稳定性	交联时间（s）	交联状态	耐温性（℃）
山梨醇	5	放置 1 个月澄清	30	挑挂性好	96
	10	放置 1 个月澄清	40	挑挂性好	102
木糖醇	5	放置 1 个月澄清	30	挑挂性好	92
	10	放置 1 个月澄清	50	挑挂性好	103
葡萄糖酸钠	5	放置 1 个月澄清	30	挑挂性好	102
	10	放置 1 个月澄清	60	挑挂性好	122

多元醇类化合物延迟交联作用的机理是：延迟交联剂与硼酸分子形成 B-O 配合键，这种配合键通常作用较弱，在水中易水解，其水解过程即增加了交联时间，提高了冻胶的交联效率。

5.3.4　速溶型低浓度瓜尔胶压裂液体系耐温性评价

（1）耐温耐剪切性能。

首先考察了交联剂与瓜尔胶形成冻胶的耐温耐剪切性能。实验中采用的瓜尔胶为速溶瓜尔胶 SRG-1，加量为 0.3%～0.4%，pH 调节剂为 NaOH，加量为 0.02%，交联体系 pH 值为 10，交联剂为有机硼交联剂 TB-1，加量为 0.4%。具体的实验结果如图 5-36 和图 5-37 所示。

从图 5-36 和图 5-37 中可以看出，有机硼交联剂 TB-1 与速溶瓜尔胶 SRG-1 形成的交联体系耐温耐剪切性能较好，120℃条件下速溶瓜尔胶用量为 0.3% 时，交联体系剪切 1.5h 后表观黏度达到 130mPa·s，140℃条件下速溶瓜尔胶用量为 0.4% 时，交联体系剪切 2h 后表观黏度达到 100mPa·s，满足胜利油田高温高压低渗透储层压裂改造的需要。

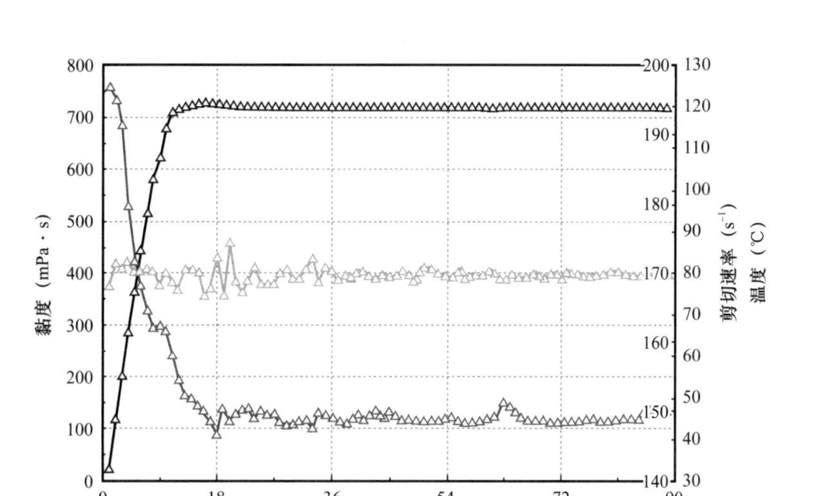

图 5-36 耐温耐剪切曲线（120℃，170s^{-1}，0.3%SRG-1+0.4%TB-1+0.02%NaOH）

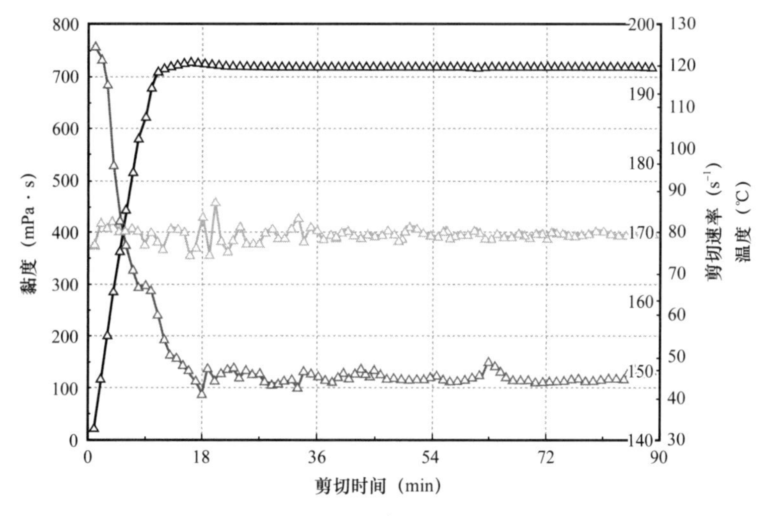

图 5-37 耐温耐剪切曲线（140℃，170s^{-1}，0.4%SRG-1+0.45%TB-1+0.02%NaOH）

将瓜尔胶浓度提高到 0.55%，进行 150℃耐温耐剪切实验，实验结果如图 5-38 所示。从图 5-38 中可以看出，有机硼交联剂 TB-1 与速溶瓜尔胶 SRG-1 形成的交联体系在 150℃条件下速溶瓜尔胶用量为 0.55% 时，交联体系剪切 2h 后表观黏度达到 97mPa·s，可以满足 150℃低渗透储层压裂施工的需要。

（2）配液用水优化。

采用不同水源配制压裂液基液，水质情况和压裂液基液见表 5-21，根据地层条件进行压裂液耐温耐剪切性能测试，实验结果如图 5-39 至图 5-42 所示。

从表 5-21 中可以看出，对于不同水质，压裂液交联情况变化较大，为达到较好的交联状态，需要优化压裂液的瓜尔胶浓度、基液 pH 值，特别对于地层水中高价金属离子较高的情况，需要在压裂液中加入络合剂屏蔽高价金属离子对交联状态的影响。

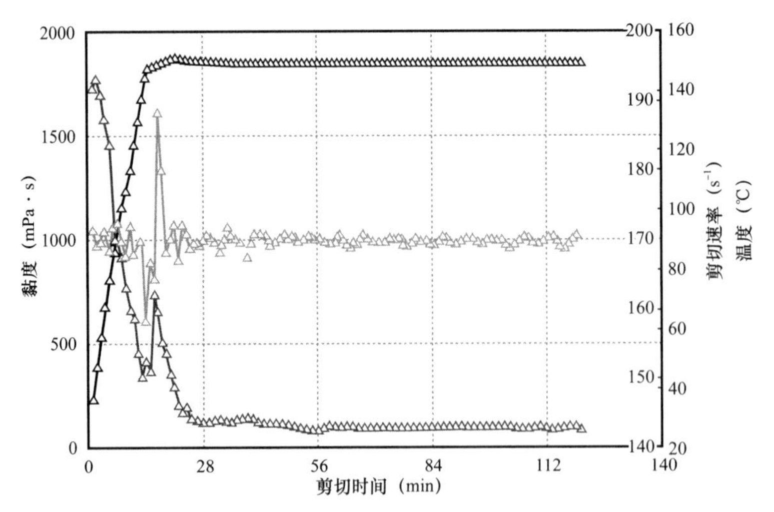

图 5-38　耐温耐剪切曲线（150℃，$170s^{-1}$，0.55%SRG-1+0.5%TB-1+0.2%Na_2CO_3）

表 5-21　配制水来源及压裂液交联

编号	矿化度（mg/L）	基液 pH 值	冻胶状态
滨二注水	5257	10.5～11.0	可挑
白鹭湖水	16430	9.5～10.0	可挑
滨南地下水	21000	9.0～9.5	不可挑
鱼池水	10000	7.0	可挑
井水	13000	7.9	可挑

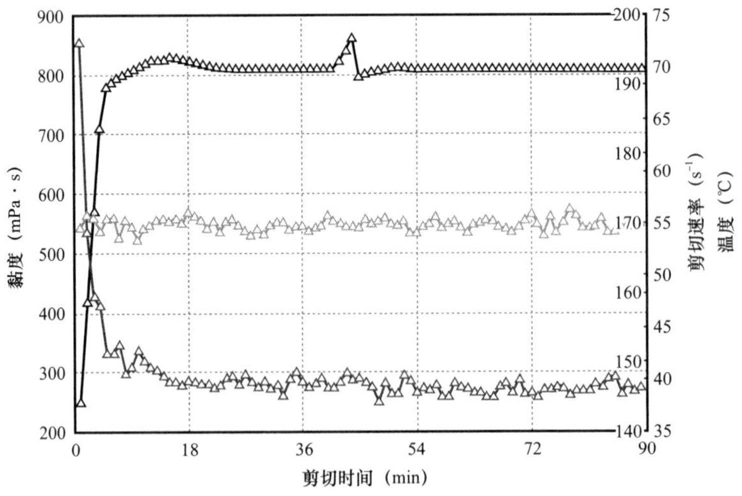

图 5-39　耐温耐剪切曲线（70℃，鱼池水配制，
0.25%SRG-1+0.3%ME-2+0.3%GF-1+0.02%NaOH+0.3%TB-1）

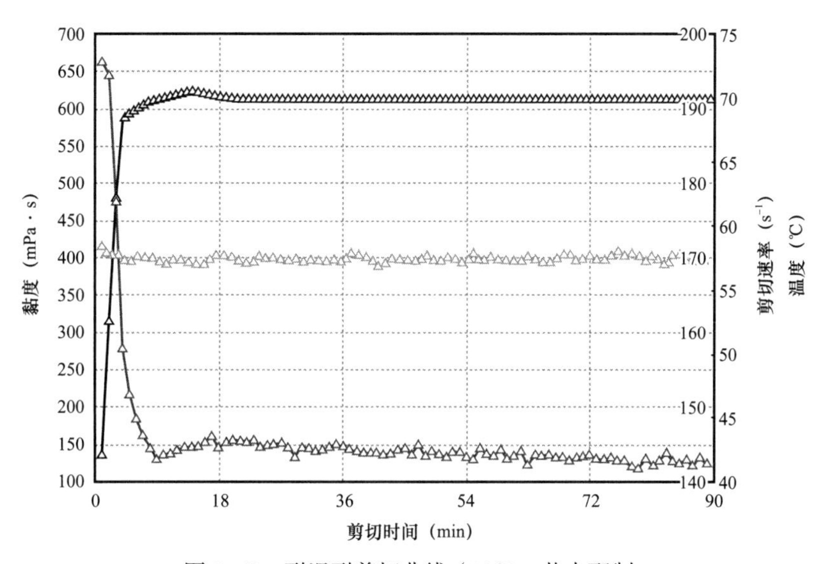

图 5-40 耐温耐剪切曲线（70℃，井水配制，
0.3%SRG-1+0.3%ME-2+0.3%GF-1+0.02%NaOH+0.3%TB-1）

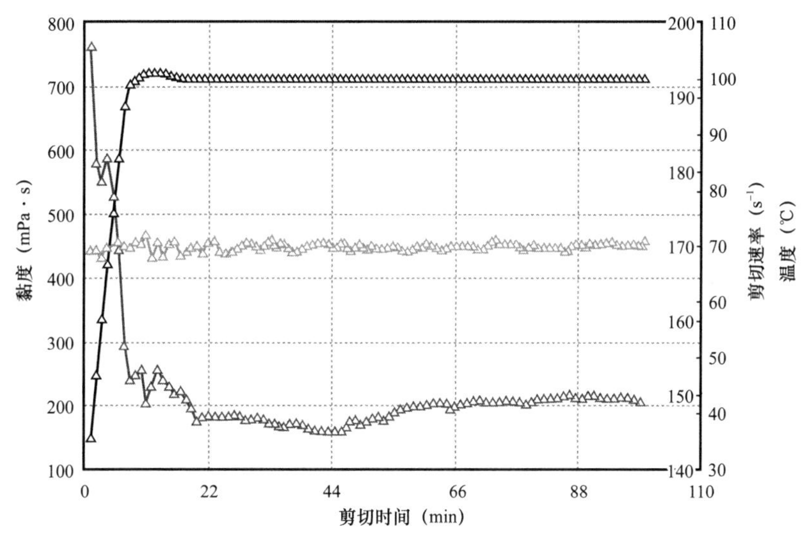

图 5-41 耐温耐剪切曲线（100℃，滨二注水配制，
0.3%SRG-1+0.2% 络合剂 +0.05%NaOH+0.4%TB-1）

图 5-39 和图 5-40 是墩 1 井用鱼池水和井水配液的压裂液耐温耐剪切曲线，从图中可以看出，由于井水的矿化度高、高价金属离子浓度高，所以压裂液中瓜尔胶浓度相应增加，同时体系耐温耐剪切性能变差。对于 70℃条件下用鱼池水配制的压裂液，瓜尔胶浓度为 0.25%，剪切 1.5h 后体系表观黏度大于 200mPa·s，但相同条件下，用井水配制的压裂液，瓜尔胶浓度增加为 0.30%，剪切 1.5h 后体系表观黏度 140mPa·s。但通过调整配方，两种水质配制的压裂液均可以满足现场压裂施工需要。

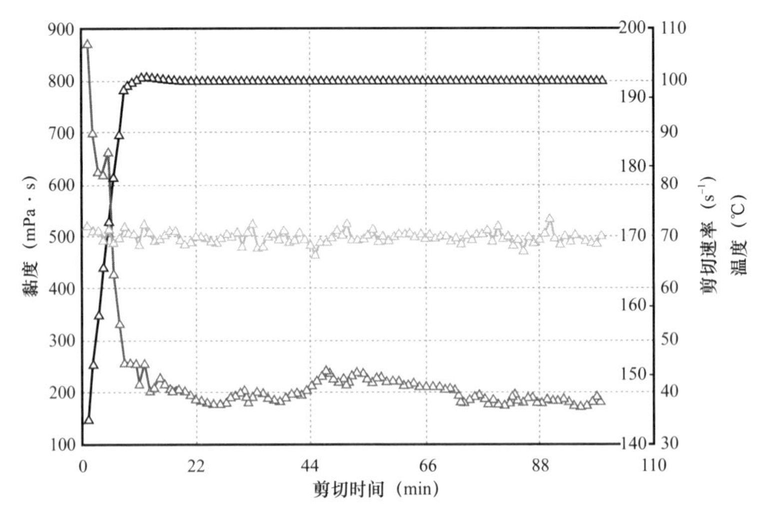

图 5-42 耐温耐剪切曲线（100℃，白鹭湖水配制，0.3%SRG-1+0.1% 络合剂 +0.02%NaOH+0.4%TB-1）

图 5-41 和图 5-42 是滨 644 区块用滨二注水和白鹭湖水配制的压裂液的耐温耐剪切曲线，从图中可以看出，白鹭湖水的矿化度较高，同时钙镁离子较高，体系配液时由于调整压裂液基液 pH 值容易产生白色浑浊现象，这是由于压裂液基液是碱性的，易与钙镁离子产生沉淀导致的。因此在配液水中加入少量络合剂，屏蔽钙镁离子的影响。从图 5-41 和图 5-42 中可以看出，滨二注水和白鹭湖水两种水源均可以配制压裂液，压裂液中瓜尔胶浓度不变，但根据钙镁离子数量，需加入的络合剂数量不同。

5.3.5 压裂液体系综合性能测试

（1）破胶性能。

依据石油天然气行业标准 SY/T 5107—2016《水基压裂液性能评价方法》，测试了不同破胶剂对速溶瓜尔胶压裂液的破胶液黏度和残渣含量。压裂液配方为：0.40%SRG-1+0.4%TB-1+0.02%NaOH+0.5%GF-1+0.3%ME-1，破胶剂采用胶囊破胶剂 EB-1，破胶剂加量为 0.02%。具体的实验结果见表 5-22。

表 5-22 压裂液体系破胶性能

破胶剂	破胶时间（min）	破胶温度（℃）	残渣含量（mg/L）
EB-1	80	90	160

从表 5-22 中可以看出，EB-1 是一种胶囊破胶剂，即为包裹了疏水材料的 $(NH_4)_2S_2O_8$，其总体破胶效果与 $(NH_4)_2S_2O_8$ 类似，但其破胶时间延长，且压裂液的破胶液残渣较小。

（2）滤失性能。

根据石油天然气行业标准 SY/T 5107—2016《水基压裂液性能评价方法》，测定了低浓度瓜尔胶压裂液的静态滤失性能。压裂液体系配方为：0.40%SRG-1+0.5%TB-1+0.02%NaOH+0.5%GF-1+0.3%ME-1。静态滤失实验条件为：实验温度120℃，压差3.5MPa。压裂液的静态滤失参数见表5-23。

表5-23 压裂液静态滤失参数表（实验温度120℃）

初滤失量（$10^{-3}m^3/m^2$）	滤失速度（$10^{-7}m/min$）	滤失系数（$10^{-6}m/min^{0.5}$）
1.70	9.33	5.60

从表5-23中可以看出，压裂液在120℃条件下滤失系数小于$1\times10^{-4}m/min^{0.5}$，滤失系数较低。

（3）岩心伤害性能。

采用人造岩心测定了两种压裂液破胶液的岩心伤害率，人造岩心平均渗透率为70mD，平均孔隙度为40%。压裂液体系配方为：0.40%SRG-1+0.5%TB-1+0.02%NaOH+0.5%GF-1+0.3%ME-1+0.02%EB-1。

实验方法采用SY/T 5107—2016《水基压裂液性能评价方法》中6.10的规定进行。具体实验步骤如下：① 岩心饱和煤油，测定孔隙体积和孔隙度；② 将岩心装入实验流程，加围压10MPa；③ 反向通煤油，直至驱替压力稳定，计算岩心渗透率；④ 正向通破胶液，直至驱替压力稳定，记录排出油量；⑤ 反向通煤油，直至压力稳定，记录排出水量，计算伤害后岩心渗透率。具体的实验结果见表5-24。

表5-24 破胶液对岩心渗透率的伤害率

岩心编号	初始渗透率（mD）	压裂液	伤害后渗透率（mD）	伤害率（%）
1	70.42	压裂液破胶液	56.47	19.80
2	62.39		48.23	22.69

从表5-24中可以看出，压裂液破胶液对岩心伤害率在20%左右，压裂液破胶液对岩心伤害较低。

（4）支撑裂缝导流能力伤害性能。

测试了增稠剂浓度对支撑裂缝导流能力的影响，压裂液体系为：0.35%SRG-1+0.4%TB-1+0.02%NaOH，0.6%SRG-1+0.3%HTC-160+0.2%Na_2CO_3。实验采用SY/T 6302—2019《压裂支撑剂充填层短期导流能力评价推荐方法》中的规定进行，测试闭合应力为14MPa、28MPa、36MPa、52MPa、69MPa、86MPa，铺砂浓度为$10kg/m^2$。具体的实验结果如图5-43所示。

从图5-43中可以看出，随着闭合应力升高，支撑裂缝导流能力降低；随着压裂液中瓜尔胶浓度升高，支撑裂缝导流能力降低。闭合应力升高，支撑剂被压实，支撑裂缝宽度降低、裂缝渗透性降低，因此支撑裂缝导流能力降低，这是一个普遍规律。压裂液中瓜尔胶浓度降低，破胶液残渣浓度降低，而一般认为残渣是导致支撑裂缝导流能力降低的一个关键因素，残渣小意味着堵塞支撑剂孔隙空间的能力小，因此对于瓜尔胶压裂液来说，破胶液残渣小，裂缝导流能力降低。降低压裂液中瓜尔胶浓度，实际上降低了破胶液残渣，最终导致支撑裂缝导流能力升高。

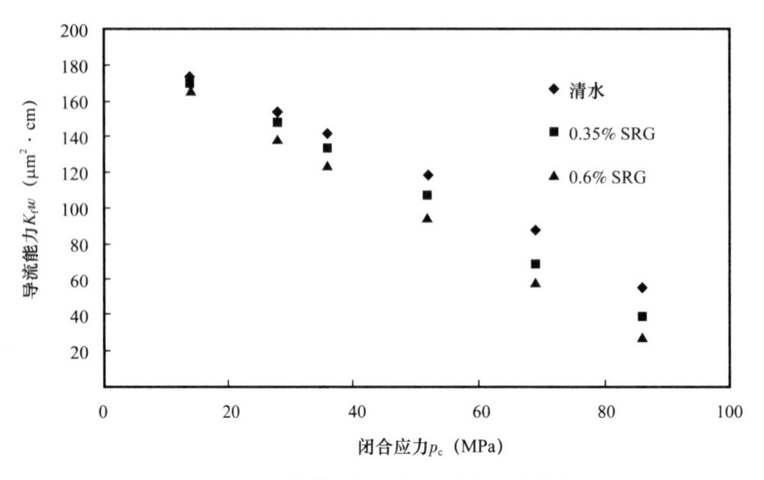

图 5-43　不同闭合应力下裂缝导流能力

随着破胶液中瓜尔胶浓度降低，裂缝导流能力升高，因此可以通过式（5-1）计算不同闭合应力条件下导流能力提高率：

$$\alpha = \frac{(K_f w)_0 - (K_f w)_2}{(K_f w)_1 - (K_f w)_2} \times 100\% \tag{5-1}$$

式中　α——导流能力提高率，%；

$(K_f w)_0$——清水测试导流能力，$\mu m^2 \cdot cm$；

$(K_f w)_1$——瓜尔胶浓度为 0.35% 条件下的测试导流能力，$\mu m^2 \cdot cm$；

$(K_f w)_2$——瓜尔胶浓度为 0.6% 条件下的测试导流能力，$\mu m^2 \cdot cm$。

对于胜利油田低渗透储层来说，闭合应力一般在 28～52MPa 之间，因此可以通过式（5-1）计算不同闭合应力下降低瓜尔胶浓度后的裂缝导流能力提高率，分别为 61.3%、50.4%、47.9%。因此降低现场施工中瓜尔胶压裂液的瓜尔胶使用浓度，可以提高支撑裂缝导流能力，降低压裂液对裂缝的伤害，提高单井产量。

5.3.6　助排、防膨配套添加剂

5.3.6.1　微乳液助排剂研制及性能测试

微乳液是一种液—液分散体系，是由水相、油相、表面活性剂及助表面活性剂在适当比例混合，自发形成的透明、稳定的分散体系。它外观澄明，黏度低，热力学及动力学都很稳定，具有各向同性，液滴一般介于 10～100nm 之间，具有粒径小、透明、稳定等特殊优点。高温微乳液助排剂与传统的助排剂不同，后者更关注体系的表（界）面张力，而前者同时考虑表（界）面张力和润湿性的协同作用，能更大幅度地提高水相流体在纳微米孔隙中的流动能力，这是微乳液提高压裂液返排率的主要机理。Gemini 型表面活性剂具有临界胶束浓度低、界面性能优良等优点，所以本文中介绍以一种 Gemini 表面活性剂为主，复配其他类型表面活性剂，形成微乳液助排剂 ME-1，并与国内外压裂助排剂产品性能进行了对比研究[57, 58]。

选取阴离子、阳离子、非离子三个种类的表面活性剂，选取各类型中 4～5 种表面活性剂与 Gemini 型表面活性剂均以 1∶1 的比例进行复配，优选比较其中性能最优的复配体系，见表 5-25。

表 5-25　复配体系性能比较

复配表面活性剂	类型	体系浓度（%）	表面张力（mN/m））	界面张力（mN/m）	接触角（°）
烷基磺酸盐	阴	0.3	31.5	1.9	28.6
烷基硫酸钠	阴	0.3	32.5	2.5	28.5
AES	阴	0.3	35.6	3.9	30.6
K12	阴	0.3	28.9	1.9	28.0
1631	阳	0.3	27.6	2.0	31.0
1231	阳	0.3	28.9	1.6	29.5
1827	阳	0.3	28.5	1.9	31.4
1227	阳	0.3	29.0	1.7	27.3
OP	非	0.3	28.5	1.7	30.5
GD	非	0.3	29.6	1.1	27.3
APG	非	0.3	29.5	1.8	31.2
HP-1	非	0.3	25.3	0.7	34.1
SEO	非	0.3	25.6	0.6	34.6

从表 5-25 中可以看出，所选表面活性剂与 HP-1、SEO 两种非离子表面活性剂复配效果最好，表界面性能最优，但是仍未达到所需指标，说明复配比例还需要进一步调整。

表 5-26、表 5-27 所示为 HP-1、SEO 两种表面活性剂与 Gemini 表面活性剂以不同比例复配之后的表界面性能及接触角，从表 5-26 和表 5-27 中看出，Gemini 与 HP-1 复配后表面性能改观不大，但是以 4∶1 的比例复配时界面张力出现最低值；而与 SEO 以不同比例复配后表界面性能没有出现好的改观。所以采用 HP-1 与 Gemini 进行复配，并选用助表面活性剂继续改善体系的表面活性及亲水亲油平衡性。

表 5-26　HP-1 与 Gemini 不同比例复配的表界面性能及接触角

HP-1 与 Gemini 复配比例	体系浓度（%）	表面张力（mN/m）	界面张力（mN/m）	接触角（°）
1：1	0.3	25.3	0.7	34.1
1：2	0.3	25.2	0.7	34.5
1：4	0.3	25.1	0.1	34.8
1：9	0.3	25.3	0.3	34.7
2：1	0.3	24.9	0.2	33.9
4：1	0.3	24.9	0.3	33.8
9：1	0.3	25.3	0.6	34.2

表 5-27　SEO 与 Gemini 不同比例复配的表界面性能及接触角

SEO 与 Gemini 复配比例	体系浓度（%）	表面张力（mN/m）	界面张力（mN/m）	接触角（°）
1：1	0.3	25.6	0.6	34.6
1：2	0.3	25.9	1.5	35.3
1：4	0.3	26.3	1.8	35.3
1：9	0.3	28.9	2.3	36.8
2：1	0.3	25.5	0.9	34.1
4：1	0.3	25.0	0.5	33.7
9：1	0.3	24.3	0.5	32.5

配方优选的平行实验均以 0.3% 来进行，但 0.3% 并不一定为复配体系的最优浓度值。以复配体系浓度 0.1%、0.2%、0.3%、0.5% 四个值来进行表界面性能及接触角方面的评价实验，结果见表 5-28。可以看出，0.5% 的浓度效果最好，但提升空间并不大，综合成本和效果考虑，则 0.3% 为体系最佳浓度。

表 5-28　不同复配体系浓度下的表界面性能及接触角

体系浓度（%）	表面张力（mN/m）	界面张力（mN/m）	接触角（°）
0.1	28.3	1.2	37.6
0.2	26.8	0.8	36.3
0.3	25.1	0.1	35.3
0.5	24.8	0.1	34.8

通过表面活性剂筛选和复配体系配方优化实验，得到了一种微乳液助排剂，商品名为 ME-1。

（1）粒径。

通过 Axio Scope A1 光学显微镜对微乳液助排剂 ME-1 油水混合体系进行观察，测得粒径绝大部分都在 100nm 以下，符合微乳液粒径大小标准（10～100nm）。具体的实验结果如图 5-44 和图 5-45 所示。

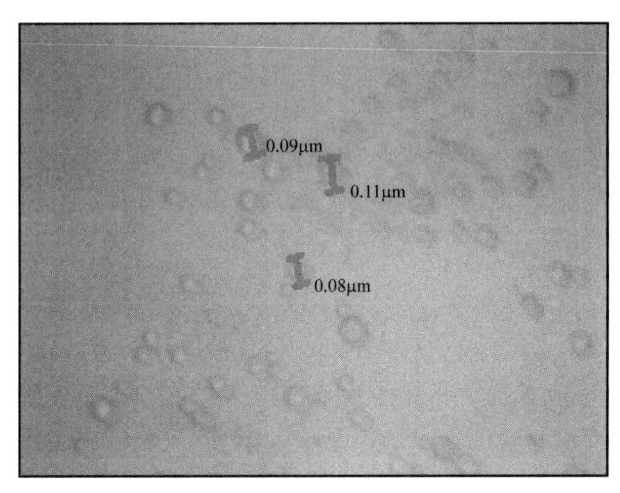

图 5-44　光学显微镜测得粒径图像

另通过 Microtrac S3500 激光粒度分析仪对微乳液助排剂油水混合体系进行观察，累计分布的 50% 处的粒径为 0.14μm，测得粒径比微乳粒径范围稍大一点，处于亚微乳阶段（100～500nm）。

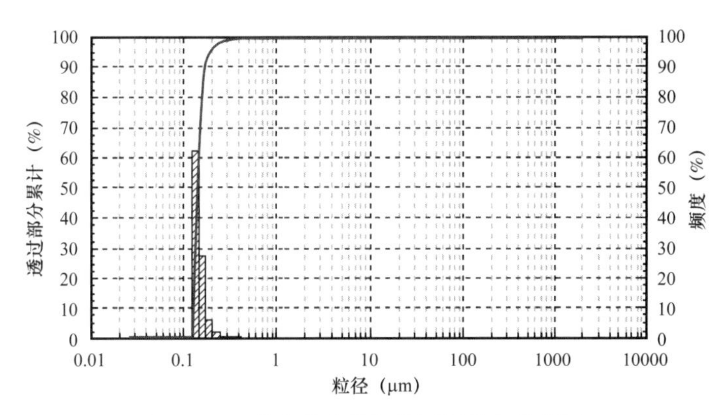

图 5-45　激光粒度分析仪测得粒径分布图

（2）表界面性能。

利用德国 kruss100 表面张力仪和 Texas 500C 界面张力仪进行表（界）面张力性能研究，并与胜利油田常用的压裂助排剂 SL-P 和美国产压裂助排剂 SD-20 进行对比。具体的实验结果见表 5-29。

表 5-29　三种助排剂的表（界）面性能

助排剂	浓度（%）	表面张力（mN/m）	界面张力（mN/m）	接触角（°）
SL-P	0.3	28.50	1.202	115
SD-20	0.3	28.80	1.513	102
ME-1	0.3	25.55	0.058	97

（3）助排性能。

微乳液助排剂返排性能提高率的测定，根据行业标准 SY/T 5755—2016《压裂酸化用助排剂性能评价方法》，通过助排性能评价仪来进行。具体的实验结果见表 5-30。

表 5-30　三种助排剂的返排性能提高率

助排剂	浓度（%）	返排性能提高率（%）
SL-P	0.3	19.27
SD-20	0.3	37.37
ME-1	0.3	36.96

（4）高温性能。

助排剂经过 150℃老化三天后，再测定其表（界）面张力及接触角，模拟 150℃地层下微乳液助排剂的表（界）面张力及润湿性变化情况，验证是否还具有较高的助排性能。

表 5-31 为老化后微乳液助排剂的表（界）面张力和接触角数据与常温下数据的比较情况，微乳液助排剂在高温高压条件下依然保持了较高的活性，满足了 150℃储层改造需求。

表 5-31　常温及老化后表（界）面张力和接触角的对比

参数	常温下	老化后
表面张力（mN/m）	25.55	26.03
界面张力（mN/m）	0.058	0.189
接触角（°）	97	105

5.3.6.2　防膨缩膨剂研制

以三烷基胺、季铵化试剂及环氧氯丙烷为原料，制备了双季铵盐型黏土稳定剂，并从产品性能及成本角度对合成工艺进行优化，确定了最优反应条件。

双季铵盐制备反应机理如下：

$$2NR_3 + H_2C\overset{O}{\frown}CH-CH_2Cl \longrightarrow R_3N^{+}-CH_2-CH(OH)-CH_2-N^{+}R_3$$

该反应的可能反应历程为：三烷基胺与季铵化试剂反应生成季铵盐，在季铵盐的作用下，三烷基胺的氮原子进攻环氧氯丙烷中的碳原子形成单三烷基羟丙基季铵盐，然后另一个三烷基胺分子进攻单三甲基羟丙基季铵盐中发生氯取代的碳原子，以取代氯原子形成双三烷基羟丙基季铵盐。具体过程如下：

$:NR_3$ $\overset{+}{H}NR_3Cl^-$ Cl O ⟶ $:NR_3$ $\overset{+}{N}R_3Cl^-$ Cl O H

⟶ $R_3\overset{+}{N}-CH_2-CH(OH)-CH_2-\overset{+}{N}R_3$

实验所需仪器材料包括：离心机，离心管，电热套，水浴锅，电动增力搅拌器，四口烧瓶，冷凝管，恒压滴液漏斗，实验室钠土等。实验试剂见表 5-32。

表 5-32 实验试剂

试剂名称	纯度	生产厂家
三烷基胺	AR	天津市科密欧化学试剂有限公司
季铵化试剂	AR	国药集团化学试剂有限公司
环氧氯丙烷	AR	天津市科密欧化学试剂开发中心
无水碳酸钠	AR	国药集团化学试剂有限公司

双季铵盐的制备过程分为两步：三烷基胺季铵盐的制备和双三烷基羟丙基季铵盐的制备。具体合成条件如下。

（1）三烷基胺季铵盐的制备。

① 将连有电动搅拌、冷凝管和恒压滴液漏斗的四口烧瓶固定在水浴锅中。

② 称取一定量三烷基胺置于四口烧瓶中，向恒压滴液漏斗中加入适量季铵化试剂待用，反应物摩尔比为 1∶1。

③ 控制加料及反应温度。

④ 缓慢搅拌加热反应 2h，冷却出料，即得到三烷基胺季铵盐。

（2）双三烷基羟丙基季铵盐的制备。

① 将连有电动搅拌、冷凝管和恒压滴液漏斗的四口烧瓶固定在电热套中。

② 向四口烧瓶中加入适量三烷基胺、三烷基胺季铵盐及正丙醇—水混合溶剂，定量称取环氧氯丙烷置于恒压滴液漏斗中待用。其中三烷基胺、三烷基胺季铵盐及环氧氯丙

烷摩尔比为 1.2∶1∶1，混合溶剂占反应体系总质量的 40%，混合溶剂中正丙醇与水的体积比为 1∶1。

③ 搅拌升温，在低于回流温度 10℃条件下向反应体系中缓慢滴加环氧氯丙烷。滴加完毕后，升温至回流温度，保温反应 8h。

④ 反应结束，停止搅拌，冷却出料。

5.3.6.3 合成反应优化

（1）三烷基胺季铵盐反应时间对产物防膨效果的影响。

在第一步反应三烷基胺季铵盐制备过程中，设置一组反应时间依次为 2h、5h、8h，控制其余条件不变，考察产品防膨性能的差异。如表 5-33 和图 5-46 所示，随三烷基胺季铵盐反应时间的增加，产品防膨性能先增加后略有降低，在 5h 达到最大，因此选取 5h 为三烷基胺季铵盐最佳反应时间。图 5-47 为三烷基胺季铵盐反应时间 5h 时，不同双季铵盐用量下实验室钠土离心后水中膨胀体积。

表 5-33 三烷基胺季铵盐反应时间对防膨效果的影响

反应时间（h）	pH=11 时的防膨率（%）		
	样品浓度 0.5%	样品浓度 1.0%	样品浓度 2.0%
2	89.95	91.05	93.16
5	91.93	93.33	94.74
8	91.20	92.74	94.00

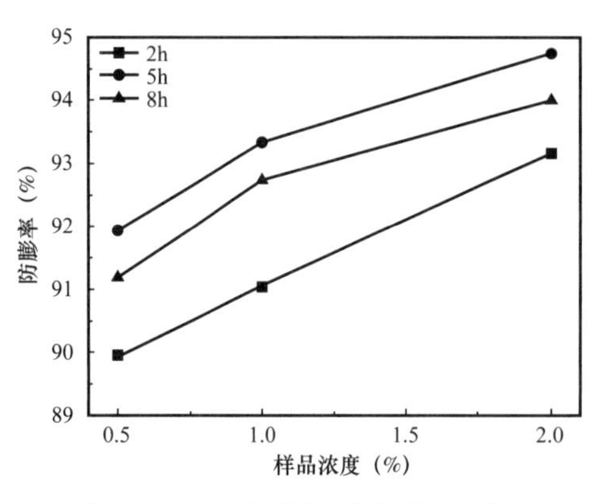

图 5-46 三烷基胺季铵盐反应时间对防膨效果的影响

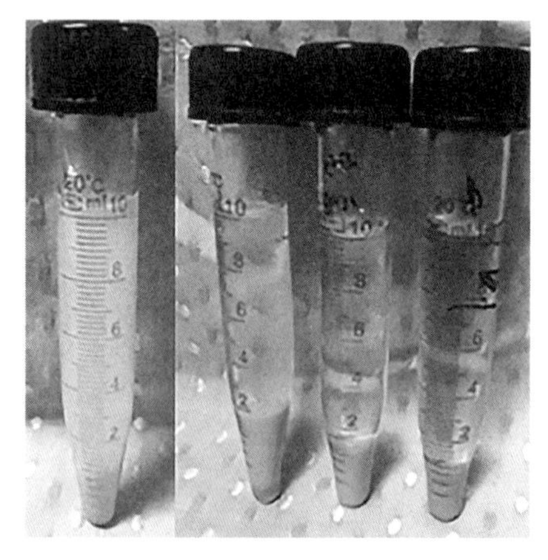

图 5-47 不同双季铵盐用量下实验室钠土离心后水中膨胀体积（三烷基胺季铵盐反应时间 5h）

（2）三烷基胺季铵盐制备过程反应温度。

在第一步反应三烷基胺季铵盐制备过程中，设置反应温度依次为加料温度、回流温

度，控制其余条件不变，考察产品防膨性能的差异。在回流温度下反应生成的产物出现了沉淀、分层现象；加料温度下反应生成的产品无沉淀、分层现象发生，防膨效果也较好（图 5–48 和表 5–34），因此确定第一步三烷基胺季铵盐制备过程中的反应温度与加料温度一致。

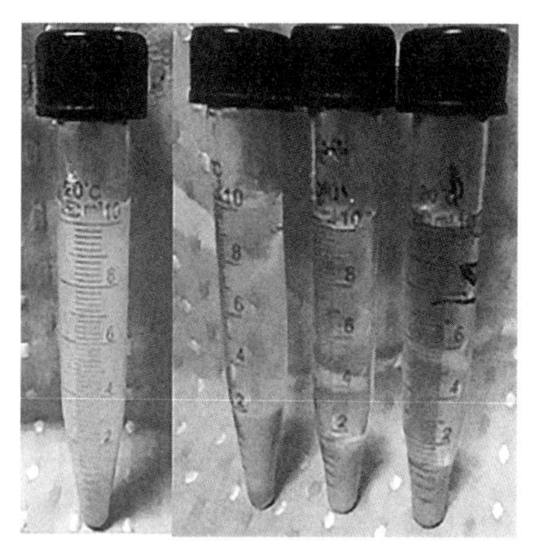

图 5–48 不同双季铵盐用量下实验室钠土离心后水中膨胀体积（三烷基胺季铵盐反应温度与加料温度一致）

（3）双季铵盐制备过程中反应温度。

根据单三甲基季铵盐的制备条件，设计了高温、低温两个反应温度体系，并考察了产品的防膨性能。如表 5–35 和图 5–49 所示，低温反应体系防膨率要优于高温反应体系，因此确定双季铵盐制备过程为低温反应。图 5–50 为低温反应条件下，不同双季铵盐用量下实验室钠土离心后水中膨胀体积。

表 5–34 三烷基胺季铵盐反应温度对防膨效果的影响

反应温度	pH=11 时的防膨率（%）		
	样品浓度 0.5%	样品浓度 1.0%	样品浓度 2.0%
加料温度	89.95	91.05	93.16

表 5–35 双季铵盐制备过程反应温度对防膨效果的影响

反应温度	pH=11 时的防膨率（%）		
	样品浓度 0.5%	样品浓度 1.0%	样品浓度 2.0%
低温	89.95	91.05	93.16
高温	82.50	87.50	93.75

（4）双三烷基羟丙基季铵盐制备过程中混合溶剂各含量比例。

进行双季铵盐合成时，需要加入一定量的溶剂强化传质，常用到的溶剂为正丙醇或正丙醇与水的混合溶剂。反应体系中水的存在，可以增加溶剂的极性，有利于反应进行。但是当混合溶剂中水的比例过高时，由于反应原料之一环氧氯丙烷不溶于水，会导致反应初期为非均相反应，传质效果变差，对产物收率造成不利影响，进而导致产品防膨率下降。如表 5–36 和图 5–51 所示，水在混合溶剂中所占比例从 50% 提升至 100% 过程中，产品防膨率稍有下降，但同时由于正丙醇价格较高，完全使用水作溶剂可以有效降低产品成本，因此仅选用水作为双季铵盐制备过程中的溶剂。

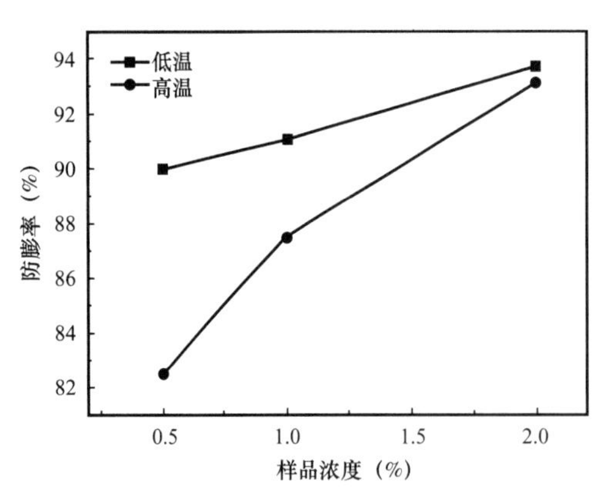

图 5-49 双季铵盐制备过程反应温度对防膨效果的影响

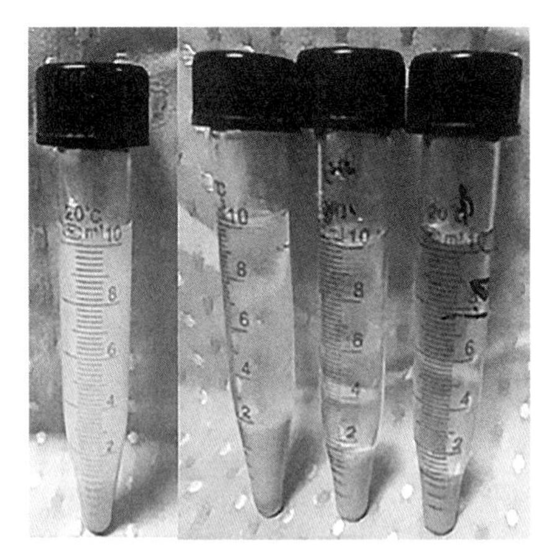

图 5-50 不同双季铵盐用量下实验室钠土离心后水中膨胀体积（低温反应体系）

表 5-36 混合溶剂中不同溶剂含量对防膨效果的影响

$V_{正丙醇}$: $V_{水}$	pH=11 时的防膨率（%）		
	样品浓度 0.5%	样品浓度 1.0%	样品浓度 2.0%
1 : 1	89.95	92.63	93.75
1 : 2	89.95	91.93	93.75
0 : 1	88.75	91.25	93.75

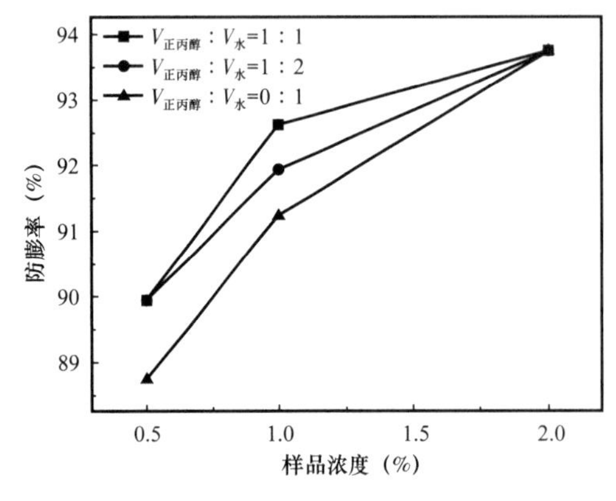

图 5-51 混合溶剂中不同溶剂含量对防膨效果的影响

通过双季铵盐合成和性能优化实验，得到了一种防膨缩膨剂，商品名为 GF-1。

耐水洗能力评价：评价方法及技术标准参照 SY/T 5971—2016《油气田压裂酸化及注水用黏土稳定剂性能评价方法》。对 GF-1 进行耐水洗能力测定，结果如表 5-37 和图 5-52 所示，冲洗 3 次之后防膨率基本没有变化，说明双季铵盐型黏土稳定剂的耐水洗能力较好。

双季铵盐复配性能评价：目前考察了双季铵盐与 KCl、二烯丙基二甲基氯化铵（DMDAAC）的复配性能。KCl、DMDAAC 以及二者各自和双季铵盐 1 : 1 复配后的防膨率测定结果如表 5-38、图 5-53 和图 5-54 所示。可以看出双季铵盐与氯化钾按质量比 1 : 1 复配后防膨性能有明显提升，而双季铵盐与 DMDAAC 复配前后防膨性能基本未改变。

表 5-37　耐水洗能力测定结果

GF-1（%）	pH=11 时的防膨率（%）			
	未冲洗	冲洗 1 次	冲洗 2 次	冲洗 3 次
0.5	82.50	82.50	82.50	83.75
1.0	87.50	87.50	87.50	87.50
2.0	93.75	93.75	93.75	93.75

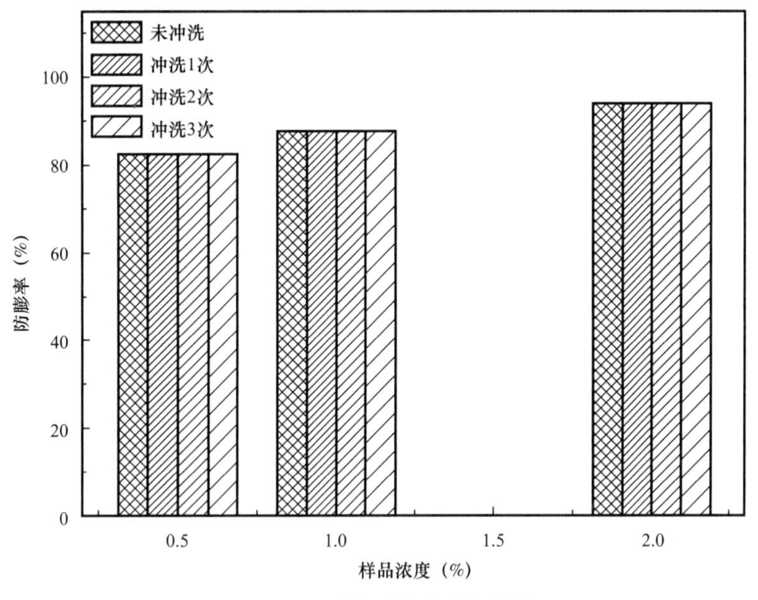

图 5-52　耐水洗能力测定结果

表 5-38　双季铵盐、KCl、DMDAAC 复配前后防膨性能

名称	复配比	防膨率（%）		
		样品浓度 0.5%	样品浓度 1.0%	样品浓度 2.0%
双季铵盐	—	81.25	87.50	93.75
DMDAAC	—	78.75	83.75	87.50
KCl	—	80.00	85.00	87.50
双季铵盐：KCl	1：1	83.75	91.25	96.25
双季铵盐：DMDAAC	1：1	82.50	87.50	93.75

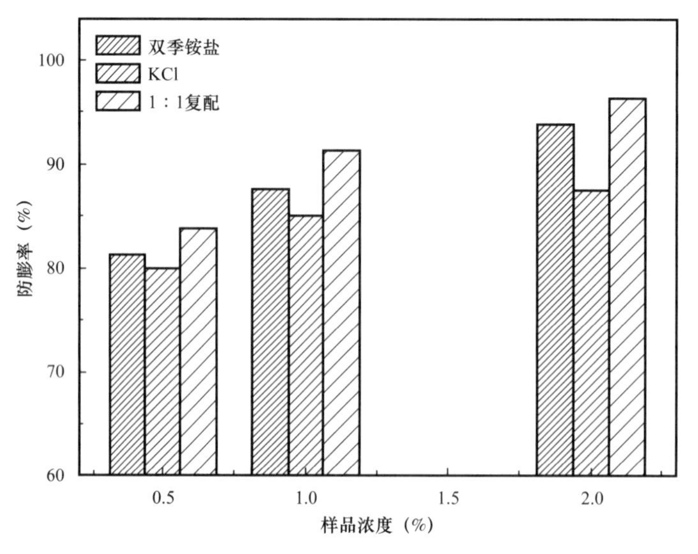

图 5-53　双季铵盐与 KCl 复配前后防膨性能变化

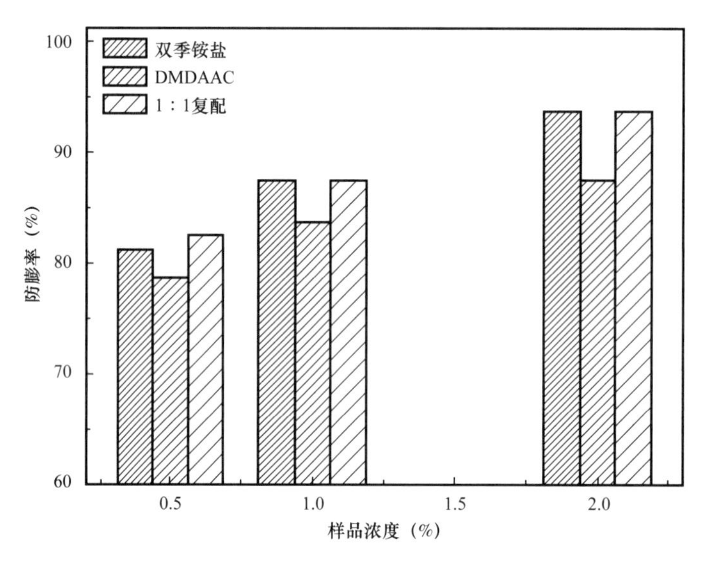

图 5-54　双季铵盐与 DMDAAC 复配前后防膨性能变化

5.4　本章小结

本章开展了纤维脉冲加砂高导流压裂工艺技术、脉冲式支撑剂自聚调控高导流压裂工艺技术等方面的研究，研制了纤维加砂装置，研发了可与地面水实时混配的速溶型低浓度瓜尔胶压裂液体系。主要得到以下结论。

（1）利用环氧氯丙烷—二甲胺和 EDTA- 环氧氯丙烷对现有维纶纤维进行了表面接枝改性，制备了两种表面富含亲水基团和活性基团改性维纶纤维。改性后维纶纤维，可明

显降低陶粒砂的沉降速度，提高其携砂性能。

（2）通过纤维分散性、悬砂性以及耐温耐酸碱测试，1#、2# 纤维的分散性、悬砂性能良好，纤维尺寸选择 6mm 左右，耐温性达 300℃，适合不同 pH 值下的工作液体系。

（3）自主研发的纤维加砂设备可实现全自动、可视化、远程操控，并实现变纤维浓度、变搅拌速度，能快速高效地使纤维分散在压裂液中。

（4）建立了以微量拉力测试、黏聚性评价以及超声振荡自聚强度评价的砂粒聚集强度评价指标体系。研制了对砂粒具有较好自聚性能的杂环均聚物，加入芳烃溶剂等改善其吸附能力等，最终得到的自聚性改性剂与压裂液的配伍性较好。

（5）研制了速溶型低浓度瓜尔胶压裂液体系及双季铵盐低分子防膨剂。瓜尔胶使用浓度降低可以提高支撑裂缝导流能力，降低压裂液对裂缝的伤害，提高单井产量；而防膨剂的防膨性能有明显提升。

6 簇式支撑高导流压裂适用性评价标准

目前普遍采用储层弹性模量和裂缝闭合应力的比值作为评价通道压裂适应性的标准，认为比值大于 275 时通道压裂可行，并推荐脉冲时间为 15～30s，以此限制支撑剂柱的几何参数[59]。然而，我国胜利油田储层弹性模量和裂缝闭合应力的比值普遍大于 500，脉冲时间采用 60～120s 时，仅稠油油藏通道压裂压后产量就提高了 20%～60%[60]，说明此适应性评价标准过于保守，限制了通道压裂技术的适用范围。因此，迫切需要修正原通道压裂适用性评价准则，为通道压裂和生产制度设计提供理论基础。

6.1 通道压裂适用条件评价

6.1.1 有效支撑的定义

Gillard 等[1] 通过理论和实验证明通道压裂裂缝导流能力比常规均匀铺砂高 1.5～2.5 个数量级，说明支撑剂柱之间的通道形态是决定通道裂缝导流能力的重要因素。若相邻支撑剂柱的间距较小，裂缝闭合过程中，相邻支撑剂柱因径向变形而发生接触重叠时，支撑剂柱间的高导流通道将消失，成为死通道，裂缝导流能力将和常规铺砂裂缝没有区别。此时，裂缝导流能力就等于支撑剂支撑裂缝宽度与支撑剂充填层的渗透率的乘积。因此，当通道成为死通道后，一部分裂缝变为常规铺砂裂缝，大大影响渗流作用，导致其导流能力远低于通道压裂裂缝。另一方面，若相邻支撑剂柱的间距较大，支撑剂柱无法支撑裂缝，支撑剂柱之间的裂缝就会在闭合应力作用下发生闭合，裂缝无法得到有效支撑，压裂失败。因此，能否建立起有效的压裂通道是通道压裂施工成功与否的关键。

图 6-1 是上述两种情况在模型中的表现。实际上，这两种情况都使得裂缝中有利的开放通道不再连续，而形成多孔介质和开放通道交叉型的裂缝。因此，可给出通道压裂裂缝有效支撑性的定义：当通道压裂裂缝中存在着连续的开放通道时，该裂缝即被有效支撑。

要避免以上两种情况，需从地层条件（选井选层）和压裂设计入手。通道压裂适用只需满足两个条件：（1）合理的储层强度和裂缝闭合应力；（2）脉冲时间满足裂缝未闭合对支撑剂柱间距的要求（中部、边界未闭合）。只有满足上述两个条件，通道压裂裂缝才能被有效支撑。

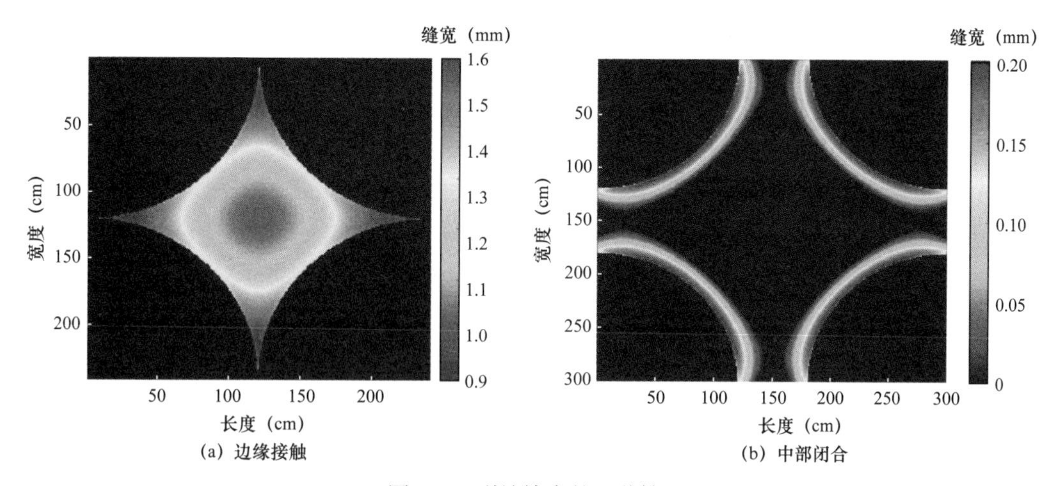

图 6-1 裂缝堵塞的两种情况

6.1.2 国外标准

评价通道压裂的可行性，定义指数 *Ratio*：

$$Ratio = \frac{E}{\sigma_h} \tag{6-1}$$

式中 E——杨氏模量；

σ_h——闭合应力。

而 Halliburton 适用条件的判断标准为：*Ratio*＞500，地质力学性质好，较为适合通道压裂；350≤*Ratio*≤500，地质力学性质一般，可以进行通道压裂；*Ratio*＜350，地质力学性质差，不能进行通道压裂。目前，国内外普遍使用岩石杨氏模量与闭合应力的比值来衡量通道压裂的适应性，如 Eagle Ford 页岩油气藏为 280[61]，Zagorskoe 油田为 287[2]，Barnett 页岩气藏为 293[62]，Taylakovskoe 油田为 312[63]，埃及西部油田为 419 和 556[4, 64]，鄂尔多斯油田为 532[5]，Jonah 油田为 583[65]，Burgos 盆地为 797[3]，胜利油田为 632。通道压裂技术在这些油田应用后，产量普遍提升 30% 以上，取得较大的成功。

已有的研究表明，当支撑剂簇团间存在高导流通道时，裂缝具有较好的导流能力[34]。支撑剂簇团间距较小，通道因支撑剂簇团径向变形而消失，裂缝导流能力会降为传统均匀铺砂的导流能力，该状态即为临界点。通道消失可以分为两种情况，一种是相邻支撑剂簇团边缘接触；另一种是支撑剂簇团中部闭合（图 6-1）。因此，支撑剂簇团间距，或者说中顶液脉冲时间，也将是影响通道压裂适用性的一个重要因素。

接下来通过模型验证以上结论，同样的，以胜利油田某井为例，首先计算其临界间距，这个值与支撑剂柱性质有关。然后假设压裂参数（支撑剂柱直径、间距）不变、地层压力不变，计算该种情况下的临界弹性模量，即裂缝刚好被有效支撑的临界状态，得出临界弹性模量与地层压力的比值。多次重复，计算不同压裂参数、不同闭合应力下的临界弹性模量和临界比值。

图 6-2 为裂缝闭合应力分别为 40MPa、50MPa 和 60MPa 时，不同支撑剂簇团间距条件下的通道压裂裂缝有效支撑的临界弹性模量和临界比值 *Ratio*。相同支撑剂簇团直径和间距时，地应力越大，临界弹性模量也越大。随着支撑剂簇团直径增大，裂缝通道有效支撑的临界支撑剂簇团间距越大，临界比值 *Ratio* 也越大。因此，实际压裂时，脉冲时间越短，即支撑剂簇团直径越小，越有利于通道的稳定性。如图 6-2 所示，当支撑剂簇团直径为 0.5m 时，支撑剂簇团间距临界值为 0.7～1.9m，其临界弹性模量与应力的比值均小于 275，裂缝通道仍可以得到有效支撑。由此可见，考虑支撑剂簇团间距对裂缝有效支撑的贡献，适用通道压裂的储层范围变大。因此，Halliburton 和 Schlumberger 公司的最小 *Ratio* 指标取为 275，有点偏保守，限制了通道压裂技术的适用范围。对某一储层，仅仅依靠岩石杨氏模量与闭合应力的比值来判断通道压裂适应性是不准确的，应结合该区地质力学参数和压裂工艺，进行更加详细的适应性评价。

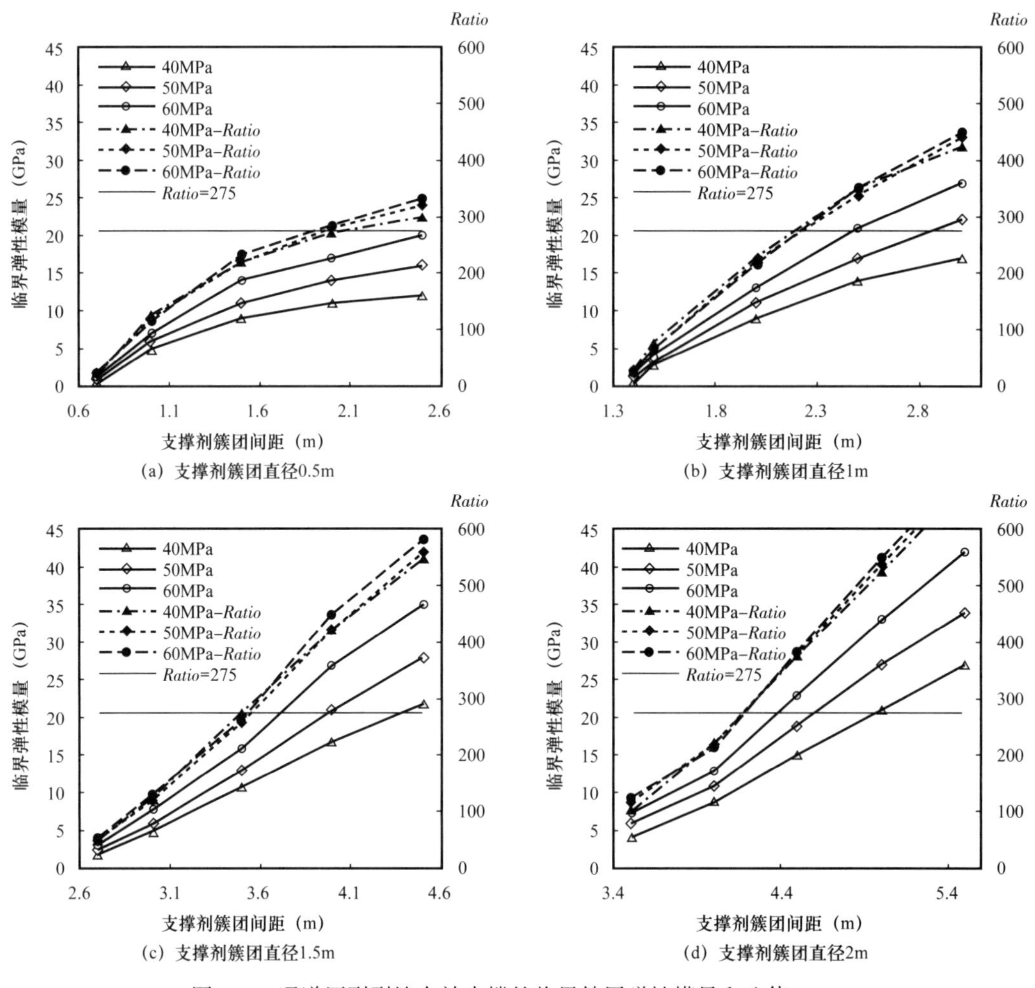

图 6-2　通道压裂裂缝有效支撑的临界储层弹性模量和比值 *Ratio*

6.2 考虑支撑剂簇力学性能的评价标准

先初选通道压裂目标井，搜集目标井的地层地质资料。经筛选统计，各目标井地质资料及所用支撑剂物性参数列于表 6–1。

表 6–1 各目标井地质资料及所用支撑剂物性参数

井号	闭合应力（MPa）	地应力（MPa）	岩石弹性模量（GPa）	岩石泊松比	支撑剂泊松比	缝宽（mm）	陶粒粒径（mm）
D20–X27	50	46.0～49.0	31.0	0.258	0.4	2.59	0.300～0.600
K125	32	31.0～35.0	41.1	0.270	0.4	6.13	0.212～0.425
							0.425～0.850
Y171–1	53	52.4～53.8	38.0	0.258	0.4	4.40	0.300～0.600
Y171–X3VF	50	48.0～50.0	34.0	0.258	0.4	4.20	0.300～0.600
Y171–X4VF	52	49.0～56.8	34.0	0.258	0.4	4.65	0.300～0.600
Y271	38	38.3～39.2	36.8	0.280	0.4	6.70	0.300～0.600
Z601–X6	51	48.0～51.0	34.0	0.258	0.4	—	0.300～0.600

考虑闭合应力、地层弹性模量、支撑剂弹性模量和支撑剂排列方式等影响因素，对原来的通道压裂适用性评价标准进行修正。原来的适用性评价标准只考虑了岩石对通道压裂的影响，并未考虑支撑剂相关因素。本章考虑岩石与支撑剂填充层的等效弹性模量代替式（6–1）中岩石弹性模量，对此模型进行修正，即：

$$Ratio' = \frac{E^*}{\sigma_h} \tag{6-2}$$

式中 $Ratio'$——修正后的通道压裂可行性系数；

E^*—— 岩石与支撑剂的等效弹性模量，MPa。

6.2.1 Hertz 接触弹性模型

根据球形颗粒接触力学中经典的 Hertz 接触力学理论，球粒接触球在接触挤压力 f_n 作用下经弹性变形后转化为接触面，如图 6–3（a）所示，a 为接触面的圆半径，其接触压力分布的规律如图 6–3（b）所示。

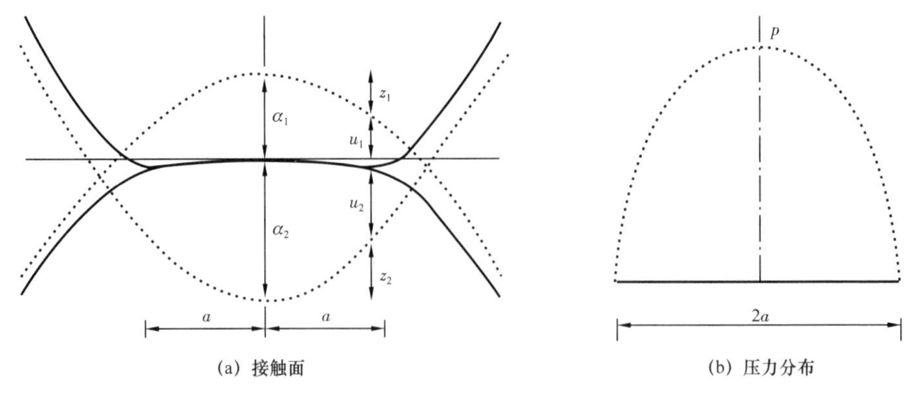

图 6-3　Hertz 接触力学模型

根据 Hertz 接触力学，表达式为：

$$f_n = \frac{4}{3} E_h \left(R_h \alpha^3 \right)^{\frac{1}{2}} \tag{6-3}$$

其中：

$$\alpha = \alpha_1 + \alpha_2 \tag{6-4}$$

$$\frac{1}{R_h} = \frac{1}{R_a} + \frac{1}{R_b} \tag{6-5}$$

$$\frac{1}{E_h} = \frac{\left(1 - v_a^2\right)}{E_a} + \frac{\left(1 - v_b^2\right)}{E_b} \tag{6-6}$$

式中　α——等效最大变形位移量，m；

R_h——体系的等效直径，m；

E_a，E_b——分别为球粒和本体材料的弹性模量，MPa；

E_h——体系的等效弹性模量，MPa；

v_a，v_b——分别为球粒 1 和球粒 2 的泊松比；

R_a，R_b——分别为球粒 1 和球粒 2 的直径，m；

α_1，α_2——分别为球粒 1 和球粒 2 的最大变形位移量，m。

6.2.2　宏观弹性模量

宏观弹性模量定义为砂粒堆积体的宏观弹性模量，和砂粒材料本身的弹性模量不同，地球沉积岩占陆地地表岩石面积的 75%，沉积岩的形成以砂粒堆积为其初始，砂粒堆积体的压实成岩过程就是孔隙演化和弹性模量逐渐变化的过程。刘瑜提出“等效剪切模量”的概念，以表达岩土整体弹性模量参数和颗粒弹性模量之间的关系，该参数没有考虑颗粒尺寸的影响。文中称其为“宏观弹性模量”，研究沙土时，力链经常作为考察力学机制的重要特征，力链的影响体现在低应力状况，对深层可以忽略。需要注意，式（6-6）的 E_h 并不是真实砂粒堆积体的宏观杨氏弹性模量。式（6-3）经变形后可得到：

$$\alpha=\left(\frac{3f_n}{4E_h\sqrt{R_h}}\right)^{\frac{2}{3}} \tag{6-7}$$

在已知颗粒所受外力应力的前提下，对式（6-7）求导，得：

$$\frac{df_n}{d\alpha}=\left(\frac{3}{4E_h}\right)^{\frac{2}{3}}\cdot\frac{1}{\left(R_h\right)^{\frac{1}{3}}}\cdot\frac{1}{\left(f_n\right)^{\frac{1}{3}}} \tag{6-8}$$

则宏观弹性模量为：

$$E_m=\frac{df_n}{d\alpha}=\left(\frac{4E_h}{3}\right)^{\frac{2}{3}}\left(R_h\right)^{\frac{1}{3}}f_n^{\frac{1}{3}} \tag{6-9}$$

对于等径、等弹性模量、等泊松比颗粒的计算，式（6-9）变为：

$$E_m=\left[\frac{2E}{3\left(1-\nu\right)}\right]^{\frac{2}{3}}\left(\frac{R}{2}\right)^{\frac{1}{3}}f_n^{\frac{1}{3}} \tag{6-10}$$

式中　E_m——宏观弹性模量，GPa；

E——球形颗粒本体的弹性模量，GPa；

ν——球形颗粒本体的泊松比。

6.2.3　颗粒排布模式的影响

对于疏松砂岩层，等径颗粒所受的挤压力 f_n 和对应深度的主应力大小及颗粒直径有关，常见的颗粒组合模式有 5 种，其名称和基本结构如图 6-4 所示[66]。其中，坐标系统 y 轴垂直于纸面，$\theta_5=\arcsin\left(\sqrt{3}/3\right)$，$f$ 为颗粒分担的主应力 σ_1 的当量力。考虑到颗粒堆积体在长期演化过程中趋向于向抗压排布方式转化，因此只考虑对应排布方式下抗挤压能力最强的方向（图 6-4 中的 z 方向）与主应力 σ_1 方向一致的状况，以 σ_v 是区域的最大主应力 σ_1 为例。

根据图 6-4 所示的力学关系，排布方式 i 对应的应力 f_n 和 σ_1 之间的关系为：

$$f_{ni}=4\pi\cdot k_iR^2\sigma_1 \tag{6-11}$$

$$k_i=k_{ni}\cdot k_{mi}/k_{zi} \tag{6-12}$$

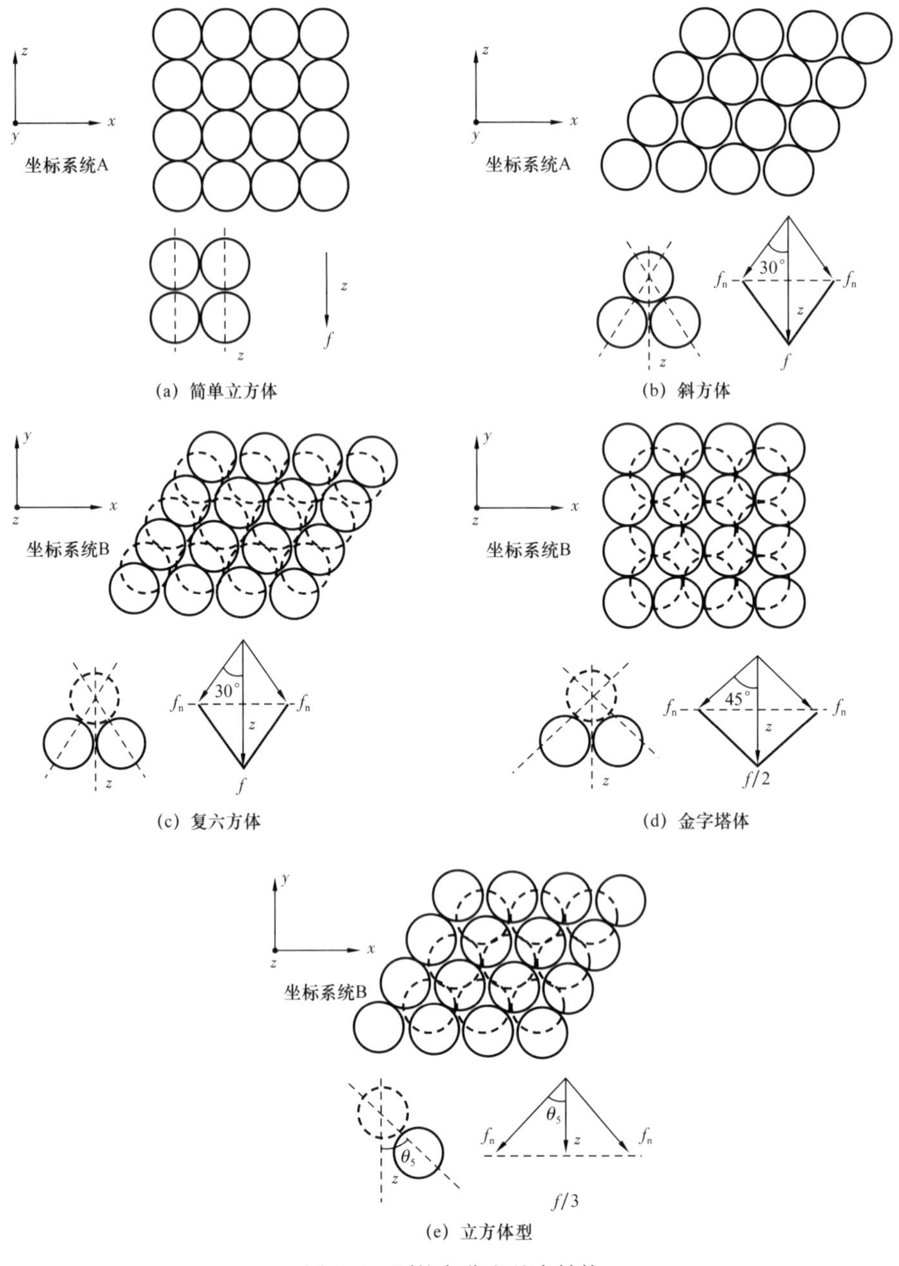

(a) 简单立方体
(b) 斜方体
(c) 复六方体
(d) 金字塔体
(e) 立方体型

图 6-4 颗粒名称和基本结构

则宏观的弹性模量和应力之间的关系为：

$$E_{\mathrm{m}}=\left[\frac{2E_{\mathrm{h}}}{3(1-\nu)}\right]^{\frac{2}{3}}\left(\frac{R}{2}\right)^{\frac{1}{3}}k_i\sigma_1^{\frac{1}{3}} \tag{6-13}$$

式中 k_i——体现受排布方式影响的主应力 σ_1 和单颗粒之间正压力 $f_{\mathrm{n}i}$ 关系的调整系数；

k_m——不同排布单元内两层颗粒接触角导致的系数；

k_{mi}——第 i 种排布方式对应的 k_m 系数；

k_z——和配位数有关的系数；

k_n——应力承担系数，表示实际每个颗粒承担主应力的当量面积和 $4R^2$ 的比值；

k_{ni}——第 i 种排布方式的应力承担系数，有 $k_{ni}=v_{rhi}\big/\left(4R^2\cdot h_i\right)$，$v_{rhi}$ 为第 i 种排布方式对应的单个颗粒实际分摊的体积空间，包括颗粒本身体积和分摊的孔隙体积，h_i 为第 i 种排布方式对应颗粒层的层高。

根据力的分解原理，k_{mi} 通过压力分解角 θ 进行计算。k_{zi} 除简单立方体型以外，其他 4 种可以按照有效配位数 $N_e/4$ 来计算。

5 种常见颗粒排布方式下各个调整系数见表 6–2。弹性模量体现的是 f_n 和 α 的关系，这个弹性变形需要折算成主应力方向的变形。高速通道模型支撑剂柱与简单立方体相似，因此，高速通道支撑剂柱折算成主应力方向变形的弹性模量计算公式可采用：

$$E_{hi}=\left[\frac{2E}{3(1-v)}\right]^{\frac{2}{3}}\left(\frac{R}{2}\right)^{\frac{1}{3}}\frac{k_i\sigma_1^{\frac{1}{3}}}{\cos\theta_i} \tag{6–14}$$

如果把 $k_i/\cos\theta_i$ 作为统一的系数 k_t，则计算的 k_t 见表 6–2。

表 6–2 不同排布方式下的系数

序号	排布类型	配位数 N	有效配位数 N_e	层高 h	单位体积 v_{rh}	压力分解角 θ	应力承担系数 k_n	k_{mi}	k_{zi}	k_i	k_t
1	简单立方体	6	2	$2R$	$8R^3$	0°	1	1	1	1	1
2	六方型（斜方体）	8	4	$\sqrt{3}R$	$4\sqrt{3}R^3$	30°	1	$\sqrt{3}/3$	1	$\sqrt{3}/3$	2/3
3	复六方体	10	4	$\sqrt{3}R$	$6R^3$	30°	$\sqrt{3}/2$	$\sqrt{3}/3$	1	1/2	0.5773
4	角锥型（金字塔体）	12	8	$\sqrt{2}R$	$4\sqrt{2}R^3$	45°	1	$\sqrt{2}/2$	2	$\sqrt{2}/4$	0.5
5	正四面体（立方体）	12	6	$2\sqrt{2/3}R$	$4\sqrt{2}R^3$	$\arcsin\frac{\sqrt{3}}{3}$	$\sqrt{3}/2$	$\frac{\sqrt{3}}{2\sqrt{2}}$	1.5	$1/(2\sqrt{2})$	$\sqrt{3}/4$

6.2.4 通道压裂适用性评价标准修正

根据式（6–6）岩石与支撑剂的等效弹性模量 E^* 可表示为：

$$\frac{1}{E^*}=\frac{1-{v_1}^2}{E_1}+\frac{1-{v_g}^2}{E_g} \tag{6–15}$$

式中 E^*——等效弹性模量，MPa；

v_1——岩石泊松比；

E_1——岩石弹性模量，MPa；

v_g——支撑剂填充层泊松比（可等同于支撑剂颗粒泊松比）；

E_g——支撑剂填充层的宏观弹性模量，MPa。

根据式（6–14）支撑剂填充层弹性模量 E_g 可表示为：

$$E_g=\left[\frac{2E_2}{3(1-v_2)}\right]^{\frac{2}{3}}\left(\frac{R}{2}\right)^{\frac{1}{3}}k_t\sigma^{\frac{1}{3}} \tag{6–16}$$

式中 v_2——支撑剂泊松比；

E_2——支撑剂弹性模量，MPa；

R——支撑剂颗粒粒径，m；

k_t——排列模式因子；

σ——地应力，MPa。

由此，修正后的适用性评价标准可表达为：

$$Ratio'=\frac{\left(1-v_1^{\,2}\right)k_t+E_1\left(1-v_g^2\right)\left[\frac{3\left(1-v_2\right)}{2E_2}\right]^{\frac{2}{3}}\left(\frac{2}{R\sigma}\right)^{\frac{1}{3}}}{\sigma_h E_1 k_t} \tag{6–17}$$

其中，各排列方式对适用性评价标准的影响程度已于式（6–5）中用不同大小的排列模式因子 k_t 来表示（表 6–2）。在水力压裂这种大尺度环境中，可认为此 5 种颗粒排列方式的出现概率相同，因此可对各排列模式的影响程度取相同权重，将式（6–5）中 k_t 取 5 种排列模式因子的平均值 $\overline{k}_t=0.63538$。

由于 Halliburton 和 Schlumberger 通道压裂适用准则并未考虑支撑剂在裂缝中的排列方式，因此可认为其准则适用于最常见的简单立方排列模式。于是，由式（6–1）、式（6–2）可知该准则与修正准则间存在以下关系：

$$\frac{\overline{k_t}}{k_1}=\frac{R_1'}{R_1}=\frac{R_2'}{R_2} \tag{6–18}$$

式中 $\overline{k_t}$——不同排列方式排列模式因子的算术平均值；

k_1——简单立方体排列方式的排列模式因子；

R_1，R_2——Halliburton 和 Schlumberger 通道压裂适用准则的可行性系数；

R'_1，R'_2——修正准则的可行性系数。

经计算得到修正后的 R'_1，R'_2，于是修正后的通道压裂适用准则可表述为：

$Ratio'>320$，地质力学性质好，较为适合通道压裂；

$200\leqslant Ratio'\leqslant 320$，地质力学性质一般，可以进行通道压裂；

Ratio'<200，地质力学性质差，不能进行通道压裂。

6.3 本章小结

本章从有效支撑的定义出发，考虑闭合应力、地层弹性模量、支撑剂弹性模量和支撑剂排列方式等影响因素，对原通道压裂适用性评价标准进行了修正。修正后的通道压裂适用准则可表述为：

Ratio'>320，地质力学性质好，较为适合通道压裂；

200≤*Ratio'*≤320，地质力学性质一般，可以进行通道压裂；

Ratio'<200，地质力学性质差，不能进行通道压裂。

7 现场应用

我国致密油气资源丰富，约占可采油气资源的 40%。2015 年全国油气资源评价结果显示，我国石油地质资源量达 1275×10^8t，其中致密油地质资源量 147×10^8t；天然气地质资源量达 $90.3\times10^{12}\text{m}^3$，其中致密气地质资源量 $22.9\times10^{12}\text{m}^3$。我国致密油气勘探在鄂尔多斯盆地、四川盆地等区域均获得工业发现，包括数个亿吨级油田和千亿立方米级气田。因此，掌握致密油藏开采核心技术是缓解国内油气供需矛盾、保证我国油气开发技术始终领先的关键。

7.1 胜利油田致密油藏的分布及特征

胜利油田的非常规油气资源丰富，至 2018 年年底胜利油田探明储量 11.8×10^8t（分布在 46 个油田，440 个单元），探明未动用致密砂岩（滩坝砂、砂砾岩、浊积岩）储量 3.4×10^8t。胜利油区各类致密油藏所占总低渗油藏的比例见表 7–1。

表 7–1 各类油藏所占比例

油藏类型	探明储量（10^4t）	控制储量（10^4t）	合计（10^4t）	比例（%）
一般低渗透	4996	6591	11587	19.6
特低渗透	9547	12377	21924	37.1
致密油藏	19478	6164	25642	43.3
合计	34021	26432	59153	100

胜利油田非常规储层具备储层致密、发育微纳米级孔、裂缝系统，储层地质条件复杂，层间地应力差异大，天然裂缝空间非均质性强等特征。同时，胜利油田致密油具有“深、细、薄、贫、散”的特点，黏土矿物含量较高、脆性低、水平应力差较大。原油具有“三高一低”的特征，原油密度较高、含蜡量较高、凝固点较高、气油比较低。

低渗透油藏不实施压裂则几乎没有产能，采用常规连续加砂压裂技术压后产量低、递减快，区块开发综合成本高，经济效益差。为解决低渗透油藏采用常规连续加砂压裂技术有效缝长短、有效导流能力低、有效期短、成本高、难以实现有效开发等问题，近年来胜利油田开展了低渗透油田簇式支撑高导流压裂技术研究。目前，高导流压裂技术已成为胜利油区低渗透致密难动用储量有效开发的主导技术，在 Y184、Y1、Y22 等多个低渗致密油区块累计应用 482 井次，累计增油 52.27×10^4t，节约压裂材料费 20%，平均压后产量提高 21.3%。

根据第 6 章内容，将表 6–1 中各参数代入式（6–19）进行计算，并仍取 $k_t=\overline{k_t}$，将地质资料及支撑剂物性等参数代入经修正的通道压裂适用性评价标准，计算胜利区块目标井的通道压裂可行性系数。所得各目标井的通道压裂可行性系数范围见表 7–2。

表 7–2　原通道压裂可行性系数与修正的通道压裂可行性系数

井名	可行性系数	
	原 *Ratio*	修正 *Ratio'*
D20–X27 井	632	189～234
KX125 井	1174	261～334
Y171–1 井	703	194～243
Y171–X3VF	680	196～244
Y171–X4VF	653	189～235
Y271 井	938	249～314
Z601–X6 井	666	192～239

根据修正后的通道压裂适用准则对胜利油田大部分地区进行评价，结果表明 80% 以上的低渗透油藏适应性指数大于 200，地质力学性质良好，能够覆盖未动储量近 3×10^8t，因此高导流低成本压裂技术具有非常大的应用空间。

7.2　典型区块应用情况：Y178 区块

（1）工程地质条件。

Y178 井压裂井段 3531.8～3814.3m，厚度 30m。从应力计算结果看：目的层储层应力值 49MPa，上隔层应力为 50MPa，下隔层应力为 48MPa。通过应力分析，无有效隔层，该井需要控制缝高工艺优化，避免压裂裂缝过度下延。

目的层为低渗透稠油层，要求裂缝具有较高的导流能力，尤其要确保缝口处的高导流能力，同时避免支撑剂大量回吐运移；建议采用通道压裂技术，保证满足稠油运移的超高导流通道，防止吐砂，而且可以减少支撑剂用量，达到有效沟通范围。

储层压力系数 1.0，储层能量较差，预置 150t 液态 CO_2 补充地层能量，提高返排率和压后有效期；2170.30m（垂深 2079.10m）处地层温度 92℃，压裂液必须具备耐温性能好、配伍性优异、携砂性能强的特性。

该井详细地质参数见表 7–3。

表 7–3　Y178 井部分地质参数

井段（m）	3531.8～3814.3
厚度（m）	30
渗透率（mD）	4.0
孔隙度（%）	10.2
闭合应力（MPa）	50
地应力（MPa）	48～50
弹性模量（GPa）	34
泊松比	0.3

针对以上地质情况，Y178 井应实施通道压裂技术，通道压裂一般采用限流压裂的多簇射孔工艺，在一长段进行均匀的多簇射孔，部分压裂工程参数见表 7–4。

表 7–4　Y178 井部分施工参数

泵注排量（m^3/min）	10
泵注方式	脉冲注入
携砂液密度（kg/m^3）	500
支撑剂充填层密度（kg/m^3）	2650
单簇孔眼数（个）	48
射孔簇数	10
支撑剂类型	40/70 目陶粒

（2）施工参数优化。

基于以上工程地质条件，得出模拟所需参数见表 7–5。

表 7–5　模拟参数汇总

参数	取值
支撑剂簇团直径（m）	1～2.5
支撑剂簇团高度（m）	0.01
闭合应力（MPa）	50
储层岩石弹性模量（GPa）	34
储层岩石泊松比	0.3

通过邻井统计，该区域支撑剂簇团半径通常为 1～2.5m，停泵缝宽为 8～10mm，为

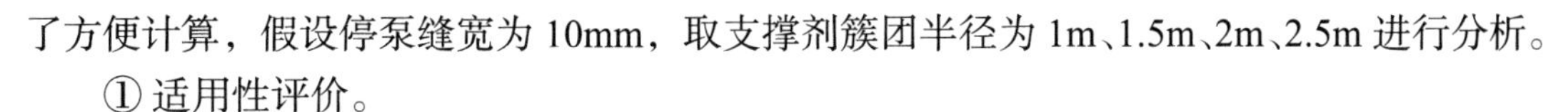

了方便计算，假设停泵缝宽为 10mm，取支撑剂簇团半径为 1m、1.5m、2m、2.5m 进行分析。

① 适用性评价。

通过缝宽模型计算不同支撑剂簇团直径下的适用间距范围，模拟得出不同支撑剂簇团直径所对应的使用间距范围。具体结果见表 7-6。

表 7-6 Y178 井适用间距取值范围统计

支撑剂簇团直径（m）	适用间距（m）
1.0	0.7～2.7
1.5	1.7～3.3
2.0	2.4～4.2
2.5	3～4.8

从表 7-6 中可以看出，支撑剂簇团直径越大，适用间距取值越大，脉冲时间越长。脉冲时间理论上没有上限，因此直径和间距看起来可以无限大，即对于任一口井，只要增大支撑剂簇团直径，就可适用于通道压裂。但实际上，过大的支撑剂簇团会过早发生沉降，且自己可能发生解体，不利于形成更高效的导流通道，因此不易取过大的支撑剂簇团直径。

② 最优间距优化。

接下来对支撑剂簇团间距进行优化，得到支撑剂簇团直径与最优间距的对应曲线，如图 7-1 所示。

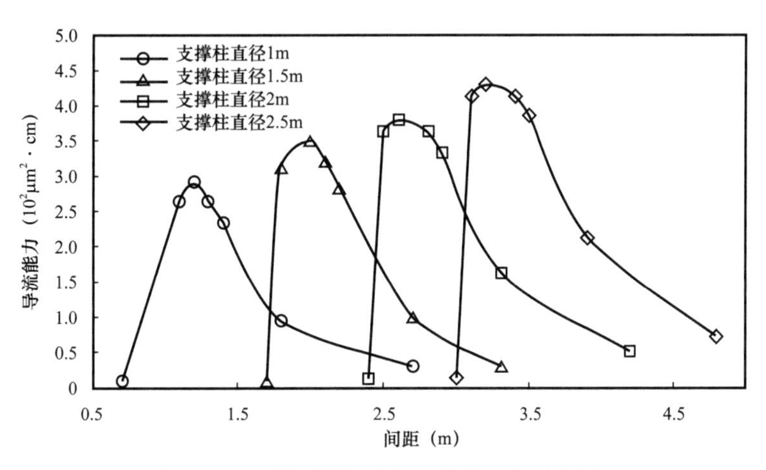

图 7-1 支撑剂簇团直径与最优间距对应图

整理得到不同支撑剂簇团直径的最优间距，并分别计算两者的比例，见表 7-7。

从最优间距优化结果来看，只要保证支撑剂簇团直径与间距比值位于 0.71～0.9 之间，Y178 井的通道压裂裂缝就可取得最高导流能力。

施工参数转化：首先通过换算方法，可得到通道压裂最优脉冲时间组合，见表 7-8。

表 7–7 不同支撑剂簇团直径时的最优间距

支撑剂簇团直径（m）	最优间距（m）	直径与间距之比
1.0	1.1～1.3	0.77～0.90
1.5	1.8～2.1	0.71～0.83
2.0	2.5～2.8	0.71～0.80
2.5	3.1～3.4	0.73～0.80

表 7–8 最优脉冲时间组合

支撑剂簇团直径（m）	最优支撑剂簇团间距（m）	携砂液脉冲时间（s）	中顶液脉冲时间（s）
1.0	1.1～1.2	8	15～16
1.5	1.8～2.1	19	37～45
2.0	2.5～2.8	34	69～80
2.5	3.1～3.4	52	107～121

由此可得到 Y178 井的最优施工参数，见表 7–9。

表 7–9 施工参数优化汇总

<table>
<tr><td>泵注排量（m^3/min）</td><td colspan="4">10</td></tr>
<tr><td>泵注方式</td><td colspan="4">脉冲注入</td></tr>
<tr><td>携砂液密度（kg/m^3）</td><td colspan="4">500</td></tr>
<tr><td>支撑剂充填层密度（kg/m^3）</td><td colspan="4">2650</td></tr>
<tr><td>单簇孔眼数（个）</td><td colspan="4">48</td></tr>
<tr><td>射孔簇数</td><td colspan="4">10</td></tr>
<tr><td rowspan="4">脉冲时间组合（s）</td><td>携砂液</td><td>8</td><td>中顶液</td><td>15～16</td></tr>
<tr><td>携砂液</td><td>19</td><td>中顶液</td><td>37～45</td></tr>
<tr><td>携砂液</td><td>34</td><td>中顶液</td><td>69～80</td></tr>
<tr><td>携砂液</td><td>52</td><td>中顶液</td><td>107～121</td></tr>
</table>

（3）产量对比。

利用施工参数优化结果，对 Y178 井进行了通道压裂，现场统计了压裂后 200d 内的生产曲线。如图 7–2 所示，通道压裂后 20d 左右油井就能达到很高的产量，且含水率增加不明显，计算可知，实施通道压裂后 Y178 井的产量增加了近 7 倍。因此，从提高产量的角度来说，通道压裂技术是十分有效的。

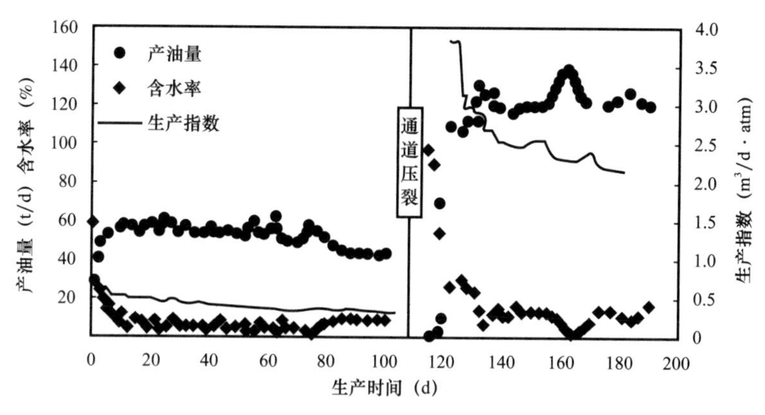

图 7-2　Y178 井通道压裂前后生产曲线

接下来对比了 Y178 井与邻井的产量，邻井采用常规压裂，具体井参数见表 7-10。

表 7-10　两口井参数对比

井参数	井名	
	Y178 井	邻井
缝高（m）	14.2	25.1
地层压力（atm）	520	480
支撑剂质量（t）	55	100
基质渗透率（mD）	4.2	3.0
实际产液量（m^3/d）	95	85
实际产油量（t/d）	58	43
井底压力（atm）	150	150
实际生产指数（$m^3/d\cdot atm$）	1.0	0.7

由于缝高、裂缝尺寸、压力等的差异，不能直接对比两口井的生产数据，因此，采用经典的无量纲生产指数法，公式如下：

$$J_{\mathrm{d}}=\frac{18.4q\mu B}{Kh\left(\overline{p}-p_{\mathrm{wf}}\right)} \tag{7-1}$$

式中　J_{d}——无量纲生产指数；

q——产液量，m^3/min；

μ——流体黏度，mPa·s；

B——地层体积因子；

K——基质渗透率，mD；

h——缝高，m；

$\bar{p}$——地层压力，MPa；

p_{wf}——井底压力，MPa。

得出 Y178 井与邻井的生产曲线如图 7-3 所示，从图 7-3 中可以看出，生产初期 Y178 井生产不稳定，但 20d 后基本稳定，Y178 井产量全面领先邻井，说明通道压裂取得了良好的增产效果。

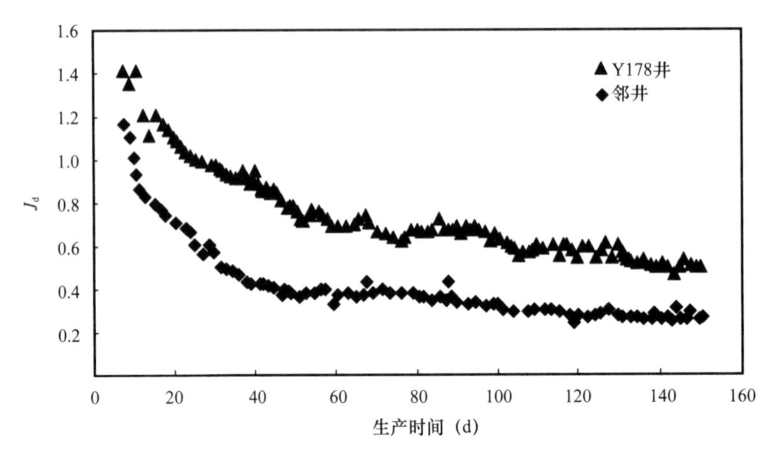

图 7-3　Y178 井与邻井生产曲线对比

7.3　典型区块应用情况：浊积岩 Y184 块

（1）工程地质条件。

Y184 块为浊积砂岩油藏，埋深 3500～4200m，主要开发沙四上 3+4 砂组。Y184 块部分地质参数见表 7-11。

表 7-11　Y184 块部分地质参数

埋深（m）	3500～4200
孔隙度（%）	10.8
渗透率（mD）	6.7
原始地层压力（MPa）	58.4
压力系数	1.52
地层温度（℃）	138～154
弹性模量（GPa）	34～38
闭合应力（MPa）	50～55

（2）施工参数优化。

Y184 块储层适应性指数为 220～235。整理得到不同支撑剂簇团直径的最优间距，并分别计算两者的比例，并通过换算方法得到通道压裂最优脉冲时间组合。经综合分析后，优化支撑剂柱直径 1.2m，间距 2.0m，排量 6～10m^3/min，携砂液时间 60s，中顶液时间 70s，加砂规模 271～375m^3。表 7-12 为支撑剂及脉冲参数优化模拟结果，表 7-13 为 Y178-X15 井、Y178-X20 井、Y184-X7 井和 Y184-X11 井施工参数优化结果统计表。利用施工参数优化结果，对 Y184 区块进行了通道压裂，图 7-4 为 Y184-1 井高导流通道压裂施工曲线。

表 7-12　支撑剂及脉冲参数优化

直径（m）	最优间距（m）	最优携砂时间（s）	最优中顶时间（s）
0.5	1.2	50.4	25.0
1.0	1.9	58.2	61.2
1.5	2.5	63.6	71.4
2.0	3.2	67.2	78.0

表 7-13　施工参数优化结果统计表

井号	段数	加砂规模（m^3）	纤维用量（kg）	液量（m^3）	施工排量（m^3/min）
Y178-X15	7	300	1446	3440	8～10
Y178-X20	8	375	1726	4516	8～10
Y184-X7	6	271	1258	2958	8～10
Y184-X11	7	343	1608	3848	6～10

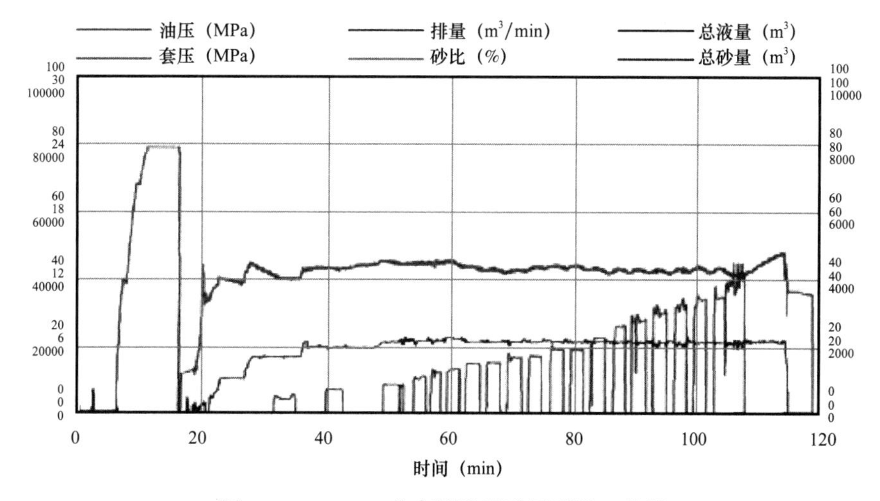

图 7-4　Y184-1 井高导流通道压裂施工曲线

（3）产量对比。

现场统计了改进前后压裂后1年内的生产曲线，其中Y178-X20井、Y184-1井为改进后，Y178井、Y178-X4井为改进前，如图7-5所示。改进前：第1年递减率65%。改进后：第1年递减率29%。表7-14为改进前后压裂效果统计表，改进后，单井产能提高35%，加砂强度不变。与常规压裂相比，材料费减少23%，而产量是常规压裂3倍。因此，从节约成本及提高产量的角度来说，通道压裂技术是十分有效的。

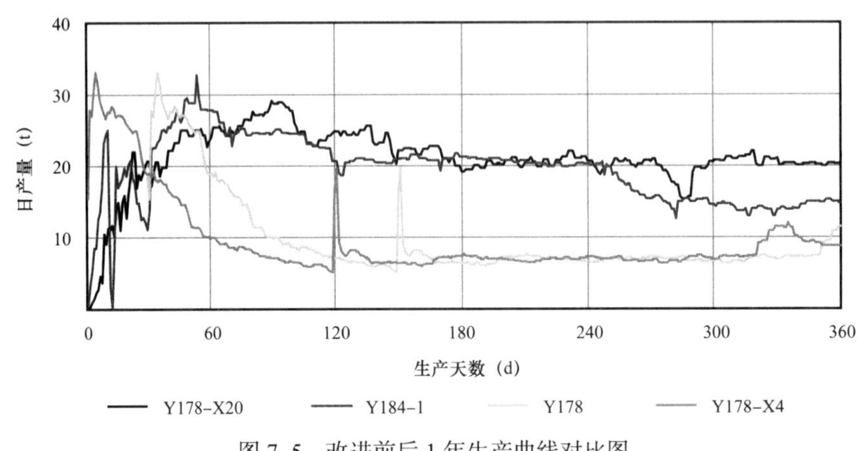

图7-5　改进前后1年生产曲线对比图

表7-14　改进前后压裂效果统计表

井号	层位	储层厚度（m）	加砂强度（m^3/m）	初期日产油（t）	1年累产油（t）	压裂工艺
Y178-X20	$S4^3$	89.4	1.40	29.2	7602.1	改进后
Y184-1	S4	34.2	1.20	32.8	7015.4	改进后
Y178	S4	30.8	1.29	33.2	3955.0	改进前
Y178-X4	$S4^3$	53.2	1.18	33.2	3468.5	改进前

7.4　典型区块应用情况：砂砾岩Y1块

（1）工程地质条件。

Y1块为砂砾岩油藏，埋深1950～2900m，主要开发沙四1+2砂组。Y1块部分地质参数见表7-15。

表 7–15 Y1 块部分地质参数

埋深（m）	1950～2900
孔隙度（%）	12.8
渗透率（mD）	31.7
原始地层压力（MPa）	24.8
压力系数	1.02
地层温度（℃）	80～120
弹性模量（GPa）	32.7
闭合应力（MPa）	44.5

（2）施工参数优化。

Y1 块储层适应性指数为 200～215。整理得到不同支撑剂簇团直径的最优间距，并分别计算两者的比例，并通过换算方法得到通道压裂最优脉冲时间组合。经综合分析后，优化支撑剂柱直径 0.8m，间距 1.0m，排量 4.5～6.5m^3/min，携砂液时间 50s，中顶液时间 60s，加砂规模 5～12m^3。图 7–6 为 Y1–8 井应力剖面图，表 7–16 为支撑剂及脉冲参数优化模拟结果，表 7–17 为适应性指数结果，表 7–18 为 Y1–X81 井、Y1–X88 井、Y1–X78 井和 Y1–X79 井施工参数优化结果统计表。

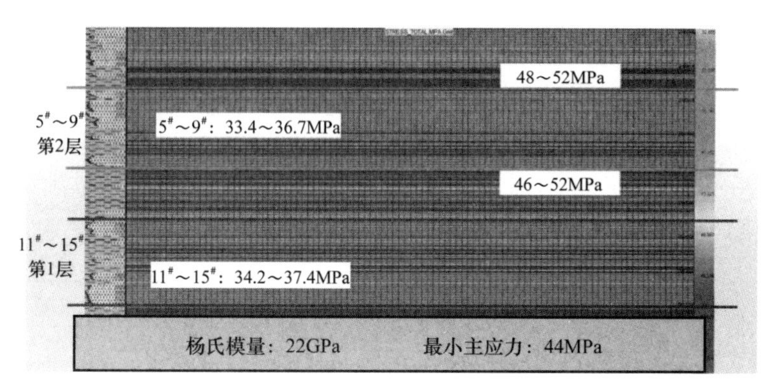

图 7–6 Y1–8 井应力剖面图

表 7–16 支撑剂及脉冲参数优化

直径（m）	最优间距（m）	最优携砂时间（s）	最优中顶时间（s）
0.5	0.8	50.4	25.0
0.8	1.0	50.0	63.2
1.2	1.4	70.0	80.0
1.4	1.6	82.0	90.0

表 7-17 适应性指数

井名	闭合应力（MPa）	岩石弹性模量（GPa）	*Ratio'*
Y1-X81	43	21	201
Y1-X88	42	20	212
Y1-X78	44	23	200
Y1-X79	43	22	204

表 7-18 施工参数优化结果统计表

井名	段数	加砂规模（m^3）	纤维用量（kg）	液量（m^3）	施工排量（m^3/min）
Y1-X81	3	78.0	409	930	6.5
Y1-X88	3	92.0	616	1180	6.0
Y1-X78	2	75.5	586	870	5.0～5.5
Y1-X79	2	78.0	555	800	4.5

利用施工参数优化结果，对 Y1 区块进行了通道压裂，图 7-7 为部分井年产液曲线，图 7-8 为部分井年产油曲线。如图 7-9 所示，对比 Y1 块 6 口井的产能，支撑剂柱直径和间距过大（Y1-8 井和 Y1-X78 井）则产能最低（日产油 5t，日产液 7.5t），较小（Y1-X88 井和 Y1-X81 井）则产能中等（日产油 8.6t，日产液 12t），合适范围（Y1-X79 井和 Y1-X94 井）则产能较好（日产油 13t，日产液 15t）。

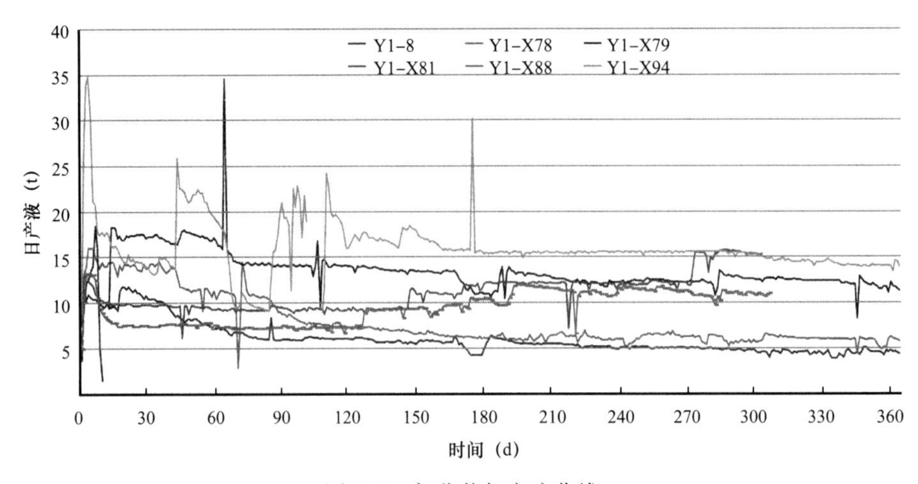

图 7-7 部分井年产液曲线

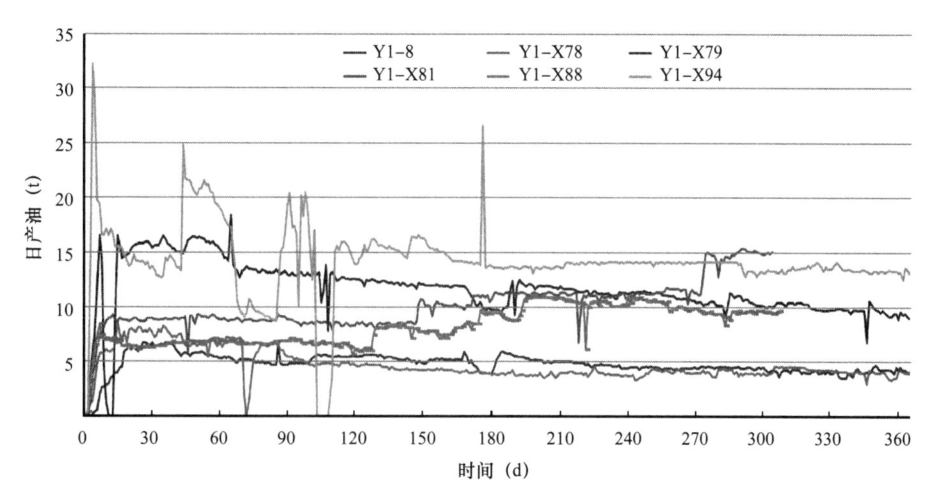

图 7-8　部分井年产油曲线

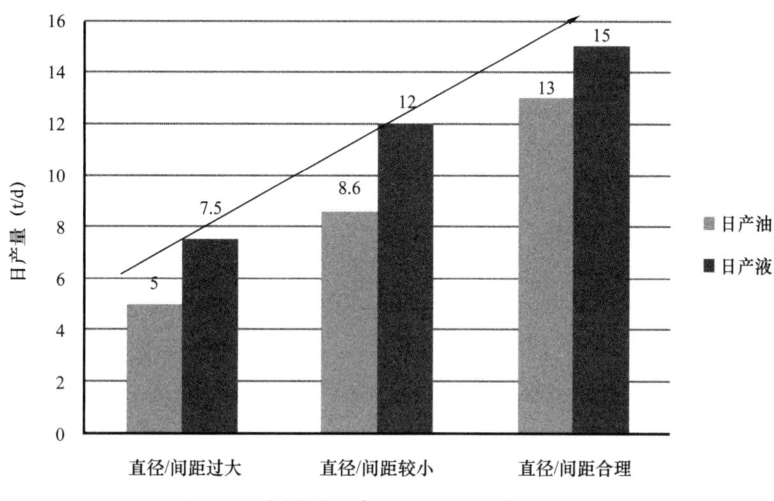

图 7-9　支撑剂柱直径和间距对产能的影响

7.5　高导流通道压裂技术整体应用情况

高导流、低成本簇式支撑压裂技术已在胜利油田的砂砾岩、浊积岩、滩坝砂等低渗透油藏实现了规模化应用（表 7-19）。截至 2018 年 12 月 31 日，累计应用 482 井次，累计增油 52.27×10^4t。与同区块常规压裂相比，平均单井产能提高 21.3%，部分区块提高了 1～2 倍，节约压裂成本 20%（表 7-20），具有良好的社会经济效益，使我国在致密油藏簇式支撑高导流压裂技术方面走在世界前列，为我国致密油气资源开发和高导流压裂技术发展开辟了前沿研究方向。

表 7-19　高导流通道压裂技术统计表

序号	井名	层位	井段（m）	渗透率（mD）	孔隙度（%）
1	D20-X27	S27	3464.6～3496.3	9.392	12.476
2	K125	S3 下	2235.9～2256.2	0.675	6.375
3	Y22-22	ES4	3329.0～3449.2	2.737	8.200
4	Y171-1	S4	3546.4～3621.3	4.000	10.200
5	Y171-X3VF	S43	3531.8～3814.3	4.000	10.200
6	Y171-X4VF	S4	3587.4～3883.0	4.000	10.200
7	Y178	S43	3687.8～3812.8	4.271	—
8	Y441-X3	S32	3192.0～3218.0	22.326	16.854
9	Y271	奥陶系	2485.3～2501.3	2.000	8.600
10	Y920-X9	ES4	3104.0～3149.0	4.990	9.755
11	Z601-X6	S3 下Ⅱ	3709.5～3731.1	7.530	13.592
12	Z172	S3	3115.0～3171.0	3.500	8.800

表 7-20　部分区块高导流通道压裂与常规压裂对比

区块	加砂量（m^3）	1 年累计产油量（t）	压裂工艺	产量提高比例（%）
C103	18.0	1828	通道压裂	30
	36.0	1406	常规压裂	
Y171	50.0	4550	通道压裂	125
	63.0	2020	常规压裂	
D20	32.0	1080	通道压裂	27
	36.0	850	常规压裂	
Y920	50.0	3066	通道压裂	53
	40.0	1999	常规压裂	
B64	14.0	1033	通道压裂	211
	21.1	332	常规压裂	
Y22	64.0	4700	通道压裂	134
	67.0	2001	常规压裂	

7.6 本章小结

本章分别对胜利油田致密油藏的分布及特征、高导流通道压裂在典型区块应用情况，以及高导流通道压裂在胜利油田的整体应用情况进行了介绍。

其中，利用施工参数优化结果进行通道压裂的典型区块应用情况为：Y178 井的产量增加了近 7 倍，且产量全面领先邻井；浊积岩 Y184 块单井产能提高 35%，且与常规压裂相比，材料费减少 23%，而产量是常规压裂 3 倍；砂砾岩 Y1 块，支撑剂柱直径和间距在合适范围时，产能为日产油 13t，日产液 15t。

总体应用情况为：与同区块常规压裂相比，高导流、低成本簇式支撑压裂技术平均单井产能提高 21.3%，部分区块提高 1～2 倍，节约压裂成本 20%，具有良好的社会经济效益。

目前，高导流压裂技术已成为胜利油区低渗透致密难动用储量有效开发的主导技术，使我国在致密油藏簇式支撑高导流压裂技术方面走在世界前列，为我国致密油气资源开发和高导流压裂技术发展开辟了前沿研究方向。

参考文献

[1] Gillard M，Medvedev O，Peña A，et al. A New Approach to Generating Fracture Conductivity [C]. SPE Annual Technical Conference and Exhibition，Florence，Italy，20–22 September 2010.

[2] Kayumov R E，Klyubin A，Enkababian P，et al. First Channel Fracturing Applied in Mature Wells Increases Production from Talinskoe Oilfield in Western Siberia (Russian) [C]. SPE Russian Oil and Gas Exploration and Production Technical Conference and Exhibition，Moscow，Russia，October 2012.

[3] Valenzuela A，Guzman J，Moreno S S，et al. Field Development Study：Channel Fracturing Increases Gas Production and Improves Polymer Recovery in Burgos Basin Mexico North [M]. Society of Petroleum Engineers，2012.

[4] Gawad A A，Long J，El–khalik T，et al. Novel Combination of Channel Fracturing with Rod–Shapped Proppant Increases Production in the Egyptian Western Desert [C]. SPE European Formation Damage Conference & Exhibition，Noordwijk，The Netherlands，June 05，2013. doi：https：//doi.org/10.2118/165179–MS

[5] Li A Q，Mu L J，Li X W，et al. 2015. The Channel Fracturing Technique Improves Tight Reservoir Potential in the Ordos Basin，China [C]. SPE/IATMI Asia Pacific Oil & Gas Conference and Exhibition，Nusa Dua，Bali，Indonesia，20–22 October.

[6] Nguyen P D，Vo L K，Parton C，et al. Evaluation of Low–Quality Sand for Proppant–Free Channel Fracturing Method [C]. International Petroleum Technology Conference，Malaysia，10–12 December，2014.

[7] 严侠，黄朝琴，辛艳萍，等. 高速通道压裂裂缝的高导流能力分析及其影响因素研究 [J]. 物理学报，2015，64 (13)：251–261.

[8] Yan X，Huang Z，Yao J，et al. Theoretical analysis of fracture conductivity created by the channel fracturing technique [J]. Journal of Natural Gas Science & Engineering，2016，31：320–330.

[9] Hou T，Zhang S，Yu B，et al. Theoretical Analysis and Experimental Research of Channel Fracturing in Unconventional Reservoir [C]. SPE Europec Featured at Eage Conference and Exhibition，2016.

[10] 许国庆，张士诚，王雷，等. 通道压裂支撑裂缝影响因素分析 [J]. 断块油气田，2015 (4)：534–537.

[11] 曲占庆，周丽萍，曲冠政，等. 高速通道压裂支撑裂缝导流能力实验评价 [J]. 油气地质与采收率，2015，22 (1)：122–126.

[12] 温庆志，杨英涛，王峰，等. 新型通道压裂支撑剂铺置试验 [J]. 中国石油大学学报（自然科学版），2016，40 (5)：112–117.

[13] Zhang J C. Theoretical conductivity analysis of surface modification agent treated proppant [J]. Fuel，2014，134：166–170.

[14] Zhang J C，Hou J R. Theoretical conductivity analysis of surface modification agent treated proppant II – Channel fracturing application [J]. Fuel，2016，165：28–32.

[15] Zheng X J，Chen M，Hou B，et al. Effect of proppant distribution pattern on fracture conductivity and

permeability in channel fracturing [J] . Journal of Petroleum Science and Engineering, 2017, 149: 98-106.

[16] Guo J C, Wang J D, Liu Y X, et al. Analytical analysis of fracture conductivity for sparse distribution of proppant packs [J] . Journal of Geophysics and Engineering, 2017 (14) : 599-610.

[17] Guo J C, Liu Y X. Modeling of Proppant Embedment : Elastic Deformation and Creep Deformation [C] . SPE International Production and Operations Conference & Exhibition, Doha, Qatar, 14-16 May, 2012.

[18] Meyer B R, Bazan L W, Walls D E, et al. Theoretical Foundation and Design Formulae for Channel and Pillar Type Propped Fractures – A Method to Increase Fracture Conductivity [C] . SPE Annual Technical Conference and Exhibition, Amsterdam, The Netherlands, 27-29 October, 2014.

[19] Hou B, Zheng X J, Chen M, et al. Parameter simulation and optimization in channel fracturing [J] . Journal of Natural Gas Science and Engineering, 2016, 35: 122-130.

[20] Zhu H Y, Shen J D. Recent Advances in Proppant Embedment and Fracture Conductivity after Hydraulic Fracturing [J] . Petroleum & Petrochemical Engineering Journal, 2017, 1 (6) : 1-4.

[21] Mollanouri Shamsi M M, Farhadi Nia S, Jessen K. Conductivity of Proppant-Packs under Variable Stress Conditions : An Integrated 3D Discrete Element and Lattice Boltzman Method Approach [C] . SPE Western Regional Meeting, Garden Grove, California, USA, April 27 2015.

[22] Zhang F S, Zhu H Y, Zhou H G, et al. Discrete-Element-Method /Computational-Fluid- Dynamics Coupling Simulation of Proppant Embedment and Fracture Conductivity After Hydraulic Fracturing [J] . SPE Journal, 2017, 22 (2) : 632-644.

[23] Bolintineanu D S, Rao R R, Lechman J B, et al. Simulations of the effects of proppant placement on the conductivity and mechanical stability of hydraulic fractures [J] . International Journal of Rock Mechanics and Mining Sciences, 2017, 100: 188-198.

[24] Fan M, McClure J, Han Y, et al. Interaction Between Proppant Compaction and Single-/Multiphase Flows in a Hydraulic Fracture [J] . SPE J. 2018; preprint.

[25] Shamsi M M M, Nia S F, Jessen K. Dynamic conductivity of proppant-filled fracturesz [J] . Journal of Petroleum Science and Engineering. 2017, 151: 183-193.

[26] 汪浩威 . 通道压裂有效支撑性及导流能力预测模型研究 [D] . 成都：西南石油大学，2018.

[27] 胡蓝霄 . 通道压裂参数优化方法研究 [D] . 青岛：中国石油大学（华东），2014.

[28] 马健 . 通道压裂中纤维辅助携砂机理研究 [D] . 成都：西南石油大学，2017.

[29] 卢聪，陈滔，毕曼，等 . 通道压裂中顶液脉冲时间优化模型研究 [J] . 油气地质与采收率，2018，25 (2) : 115-1320.

[30] 黄波，朱海燕，张潦源，等 . 通道压裂选井选层及动态参数优化设计方法 . 201710269209.1 [P]，2018-04-27.

[31] Zhu H Y, Shen J D, Zhang F S. A fracture conductivity model for channel fracturing and its implementation with Discrete Element Method [J] . Journal of Petroleum Science and Engineering, 2019, 172: 149-161.

[32] 朱海燕，沈佳栋，高庆庆，等 . 一种支撑剂嵌入和裂缝导流能力定量预测的数值模拟方法：ZL 201710248830.X [P] . 2019-10-14.

[33] 朱海燕，沈佳栋，唐煊赫，等 . 一种水力压裂支撑剂参数优化方法 201710248817.4 [P] . 2019-09-19.

[34] Zhu H Y，Zhao Y P，Feng Y，et al. Modeling of Fracture Width and Conductivity in Channel Fracturing With Nonlinear Proppant-Pillar Deformation [J] . SPE Journal，2019，24（3）：1288-1308.

[35] Card R J，Howard P R，Feraud J. A Novel Technology To Control Proppant Backproduction [J] . SPE Production & Facilities，1995，10（4）：271-276.

[36] 周福建，杨贤友，熊春明，等 . 涩北气田纤维复合高压充填无筛管防砂技术研究与应用 [J] . 天然气地球科学，2005（2）：210-213.

[37] 王煦，杨永钊，蒋尔梁，等 . 压裂液用纤维类物质的研究进展 [J] . 西南石油大学学报（自然科学版），2010，32（3）：141-144，198-199.

[38] 王贤君，肖丹凤，尚立涛 . 薄差储层压裂改造技术在海拉尔油田的应用 [J] . 石油地质与工程，2015，29（5）：107-109.

[39] 杨战伟，卢拥军，段瑶瑶，等 . 一种新型压裂液在苏里格气田东二区的应用研究 [J] . 钻采工艺，2016，39（2）：95-97，6.

[40] 萨伊尼 R K，史密斯 C S，塞缪尔 M M，等 . 用于产生高导流能力裂缝的方法和系统：美国，CN106170527A [P] . 2016-11-30.

[41] 浮历沛，张贵才，葛际江，等 . 自聚剂控制支撑剂回流技术研究 [J] . 中国石油大学学报（自然科学版），2016，（4）：176-182.

[42] 温庆志，高金剑，黄波，等 . 通道压裂砂堤分布规律研究 [J] . 特种油气藏，2014，21（4）：89.

[43] 温庆志，刘欣佳，黄波，等 . 水力压裂可视裂缝模拟系统的研制与应用 [J] . 特种油气藏，2016，23（2）：136.

[44] 温庆志，徐希，王杏薄，等 . 低渗透疏松砂岩纤维压裂技术 [J] . 特种油气藏，2014，21（2）：131-135.

[45] 王绍红，李小刚 . 高速通道压裂技术及其现场应用实例 [J] . 石化技术 . 2015（4）：182-183.

[46] Zhu H Y，Zhang M H，Liu Q Y，et al. Investigation for Channel Fracturing Based on Coupled Implementation of Lattice Boltzmann Method and Constitutive Model of Proppant Pillar [C] . 53rd U.S. Rock Mechanics/Geomechanics Symposium. 2019，American Rock Mechanics Association：New York City，New York，USA.

[47] Johnson K L. Contact mechanics [M] . Cambridge，United Kingdom：Cambridge University Press，1985.

[48] Begum，Romana，Basit，M. Abdul. Lattice Boltzmann method and its applications to fluid flow problems[J]. European Journal of entific Research，2008（2）.

[49] Qian Y H，D. D' Humières，Lallemand P . Lattice BGK Models for Navier-Stokes Equation [J] . EPL（Europhysics Letters），1992.

[50] 郑彬涛，陈勇，黄波，等 . 一种阳离子聚合物表面接枝维纶纤维及其制备方法 .201710709492.5[P],

2017-08-17.

[51] 任占春，郑彬涛，黄波，等．一种压裂用接枝改性维纶纤维及其制备方法．201710323517.8 [P]．2017-05-09.

[52] 黄波，任占春，温庆志，等．一种提高压裂液携砂性能的压裂方法.201410584173.2 [P]．2014-10-27.

[53] 陈凯，姜阿娜，仲岩磊，等．一种速溶型羟丙基瓜尔胶的制备方法.201210435549.4 [P]．2012-11-05.

[54] 任占春，贾庆升，黄波，等．一种高浓度油包水乳液态缔合聚合物压裂液及其制备方法．201410716983.9 [P]．2014-11-28.

[55] 陈凯，宋李煜，肖春金，等．一种耐剪切低浓度瓜尔胶锆冻胶压裂液.201610934383.9 [P]．2016-10-31.

[56] 陈凯，肖春金，黄波，等．一种有机硼交联剂及瓜尔胶压裂液．201710597438.6 [P]．2017-07-20.

[57] 任占春，周汉国，王建东，等．一种用于提高压裂液返排率的微乳液．201410716982.4 [P]．2014-11-28.

[58] 宋李煜，黄波，陈凯，等．一种压裂用高温微乳液助排剂及其制备方法.201510324784.8 [P]．2015-06-12.

[59] Schlumberger. HiWAY：the Quest for Infinite Conductivity Innovation for a Step-change in Hydraulic Fracturing [R]. 2012.

[60] 杨峰．胜利西部火成岩储层改造技术探讨 [J]．石化技术，2017（2）：168.

[61] Rhein T，Loayza M，Kirkham B，et al. Channel Fracturing in Horizontal Wellbores：the New Edge of Stimulation Techniques in the Eagle Ford Formation [C]. SPE Annual Technical Conference and Exhibition，Denver，USA，30 October - 2 November 2011.

[62] Samuelson M，Stefanski J，Downie R，et al. Field Development Study：Channel Fracturing Achieves Both Operational and Productivity Goals in the Barnett Shale [C]. Americas Unconventional Resources Conference，Pittsburgh，Pennsylvania，USA，5–7 June，2012.

[63] Sadykov A，Yudin A，Oparin M，et al. Channel Fracturing in the Remote Taylakovskoe Oil Field：Reliable Stimulation Treatments for Significant Production Increase [C]. SPE Russian Oil & Gas Exploration & Production Technical Conference and Exhibition，Moscow，Russia，16–18 October，2012.

[64] Emam M, Knight R, Bezboruah P, et al. Novel Hydraulic Fracturing Technique Application in Egypt [J]. Society of Petroleum Engineers，2014.

[65] Turner M G，Weinstock C T，Laggan M J，et al. Raising the Bar in Completion Practices in Jonah Field：Channel Fracturing Increases Gas Production and Improves Operational Efficiency [C]. Canadian Unconventional Resources Conference，15-17 November，Calgary，Alberta，Canada，2011.

[66] 关成尧，漆家福，邱楠生，等．疏松砂岩层宏观弹性模量计算模型研究 [J]．武汉理工大学学报，2013，35（5）：84-89，139.